品味蔬菜美食　享受美好生活

# 蔬言菜语

## 从田间到餐桌

陈胜文　潘启取——著

SPM 南方传媒
广东科技出版社
全国优秀出版社
·广州·

图书在版编目（CIP）数据

蔬言菜语：从田间到餐桌/陈胜文，潘启取著．—广州：广东科技出版社，2023.6

ISBN 978-7-5359-8075-5

Ⅰ．①蔬… Ⅱ．①陈… ②潘… Ⅲ．①蔬菜—基本知识 Ⅳ．①S63

中国国家版本馆CIP数据核字（2023）第072363号

蔬言菜语：从田间到餐桌
Shuyancaiyu: cong Tianjian dao Canzhuo

---

出 版 人：严奉强
责任编辑：尉义明　谢绮彤
封面设计：张贤良
责任校对：李云柯　廖婷婷
责任印制：彭海波
出版发行：广东科技出版社
（广州市环市东路水荫路11号　邮政编码：510075）
销售热线：020-37607413
https://www.gdstp.com.cn
E-mail：gdkjbw@nfcb.com.cn
经　　销：广东新华发行集团股份有限公司
印　　刷：广州市彩源印刷有限公司
（广州市黄埔区百合三路8号　邮政编码：510700）
规　　格：787 mm×1 092 mm　1/16　印张15　字数300千
版　　次：2023年6月第1版
2023年6月第1次印刷
定　　价：88.00元

---

# 《蔬言菜语：从田间到餐桌》编委会

---

著　　者：陈胜文　潘启取

编写人员：（按姓氏音序排列）

陈纯秀　陈胜文　戴修纯　何国平

胡　红　黄剑娣　黄剑锋　黄亮华

江　定　李伯寿　罗　智　马　斌

潘启取　秦晓霜　肖英银　杨光平

张　华　张文胜

摄　　影：潘启取　谭耀文

# 前　言 Foreword

无论是“谷以养民，菜以佐食”，还是“宁可三日无肉，不可一餐无菜”，都说明了蔬菜在我们日常饮食中占有极为重要的地位。蔬菜能提供给我们人体必需的多种维生素、矿物质、膳食纤维、酶，以及具有保健、医疗功能的其他成分。各种蔬菜所含的不同营养成分及颜色、风味、口感能刺激人们的食欲，促进消化，维持人体内酸碱平衡，提供人体所需能量。

我国蔬菜栽培历史悠久，《诗经》对自然界中各种植物的记载，有130余种，其中蔬菜有葵（冬寒菜）、葫芦、芹菜、芜菁、萝卜、韭菜等，这反映了在2 500年前蔬菜在人们的生活中已经占有一定的地位。汉朝通西域后，经“陆上丝绸之路”，从西方引进了黄瓜、西瓜、大蒜、胡萝卜、菠菜和豌豆等蔬菜。北魏贾思勰所著的《齐民要术》，全书记载了30多种蔬菜的品种、繁育、栽培技术和储存加工等，表明当时我国蔬菜栽培技术已经达到相当高的水平。唐宋时期，随着城郊大面积蔬菜产地形成、保护地生产发展、蔬菜种类和品种增加、菜市场和专营菜行设立，蔬菜生产进一步得到发展。明清时期，我国主要通过“海上丝绸之路”从欧洲和美洲引进了番茄、辣椒、结球甘蓝、花椰菜、洋葱、南瓜、马铃薯、菊芋等蔬菜，极大地丰富了我国蔬菜作物的种质资源。同时，因为“菜”，本来就是“草之可食者”，所以人们对野菜的采用和食用历史也从未中断。明朝朱橚所著的《救荒本草》，记载了414种可食用的野生植物，首次系统性地对食用野菜进行了研究。

人们对蔬菜爱得深沉，假如广东人的饭桌上缺少了绿叶蔬菜，那这顿饭就算不上是完美的。由此可见，我们对蔬菜是多么的执着！然而，我们虽然几乎天天和蔬菜打交道，但仍然对它知之甚少，时常提出许多各式各样的问题：怎样挑选新鲜的蔬菜？反季节蔬菜安全吗？宁夏菜心是什么菜心？古人会吃什么蔬菜？春韭秋菘有道理吗？哪些野菜可以吃？有苦味的丝瓜还能吃吗？如何消除蒜臭味？家里种菜种什么比较好……也时常走进蔬菜认知误区：掉色的苋菜不能吃；樱桃番茄都是转基因的；吃四季豆会中毒；吃了茄子会眼蒙……

面对大家的疑惑，我们集数十年蔬菜育种、栽培研究和蔬菜科普推广之经验，配合查阅资料和多方调查，尽力为大家答疑解惑、消除误区。同时也一并和大家讨论，以期能够对蔬菜知识有更深的了解和认知，让新鲜、安全的蔬菜成为我们美好生活的一部分。

品味蔬菜美食，享受美好生活！

# 目　录 CONTENTS

## 柔美叶菜

## 灵韵茄果



## 瓜棚豆架

品味香蔬

新奇特菜

柔美叶菜

冬寒菜

叶菜是一类主要以鲜嫩的绿叶、叶柄和嫩茎为产品的速生蔬菜。 由于生长期短、采收灵活，栽培十分广泛，品种繁多，我国栽培的绿叶菜有10余科30余种。

## 历史上的蔬菜王者之战

白菜被人们誉为“蔬菜之王”，民间更有“百菜唯有白菜好”的说法。但在大约700年前，那时我国的蔬菜王者并不是白菜，而是现在已经很少有人听说过的冬寒菜。

《黄帝内经·素问》记载:“五谷为养，五果为助，五畜为益，五菜为充，气味合而服之，以补精益气。”其中的“五菜”分别为葵、韭、藿、薤、葱，列在首位的葵即为冬寒菜，它在我国2 500多年前的《诗经》中就已经出现过，《诗经·豳风·七月》曰:“七月烹葵及菽。”说明那时候葵已经被普遍种植和食用了。元朝前期的《王祯农书》更是说道:“葵为百菜之主，备四时之馔，本丰而耐旱，味甘而无毒。”但据元朝的另一本古书《析津志》记载，北方蔬菜中白菜已经位列首位，而冬寒菜却“退居二线”了。到了明朝，冬寒菜的王者地位更是彻底被白菜取代。

古者葵为五菜之主，今不复食之。
——李时珍《本草纲目》

那为什么冬寒菜能够在2 000多年的历史长河中一直占据着蔬菜王者地位呢？因为冬寒菜基本上一年四季都能种，一年四季都能吃，古代没有什么好的办法去保存蔬菜，冬寒菜这种一年四季都能种的蔬菜，自然很受古人的欢迎。而且冬寒菜一次种植后可多次采摘，栽培技术较简单。还有就是冬寒菜本身有黏液质，煮熟后口感肥嫩滑腻。要知道古人炒菜是很少放油的，因为动物油脂难得，冬寒菜的这个特性，很好地弥补了油脂不足的缺憾。

冬寒菜产品

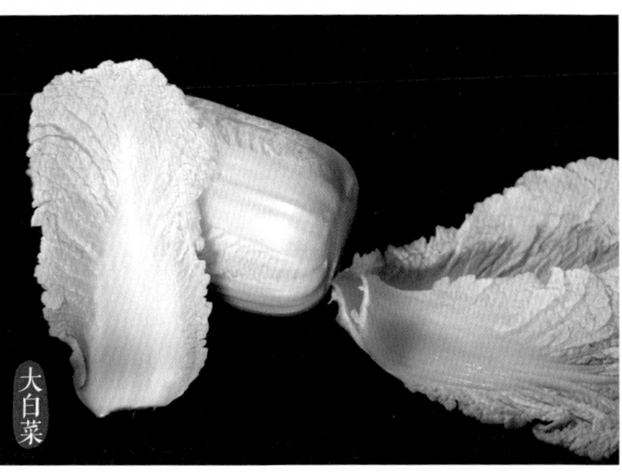

大白菜

那白菜又是怎么取代冬寒菜的王者地位的呢？首先，农艺家通过品种改良，把不太耐寒的散叶白菜改良为卷心大白菜，使其适应北

耐寒的大白菜

大白菜露地栽培

方的严寒气候。其次，蔬菜窖藏技术的发展让白菜储存时间更长。在物资缺乏的年代，白菜是北方越冬的重要蔬菜。最后，白菜的产量远比冬寒菜要高，而且与芸薹属的其他蔬菜相比，白菜既没有芥菜的辛辣香气，也没有甘蓝的臭芥气息，除了淡淡的甜，似乎再没有其他味道。正是这个特点，让白菜可以包容一切口味，和很多食材都可以搭配，其口感也远胜于冬寒菜。这些因素最终让白菜站上了蔬菜界的“最高领奖台”。

呜呼！如今我们只能在一些吃小众蔬菜的餐厅见到冬寒菜落寞的身影了。

## 岭南第一蔬

如果说白菜是中国的蔬菜之王，那岭南地区的蔬菜宠儿毫无疑问属于菜心，其独特的风味赢得了“蔬品之冠”的美称，是粤菜美食中一颗闪亮的明珠，正所谓“碧叶黄花出百粤，淋甜菜心冠群蔬”。岭南人究竟有多爱菜心呢？我们可以从菜心的起源、品种选育、栽培变迁等方面略窥一斑。

菜心又称菜薹、薹心菜、广东菜心等。“菜心”一名最早文字记载见于清朝道光二十一年（1841年）广东《新会县志》。据研究考证，菜心起源于菜油兼用的“薹心菜”，“薹心菜”在南宋时期开始有记载，并且也演化出多类型白菜亚种蔬菜。岭南地区人们喜欢菜薹中口感淋甜的类型，在多代传承筛选后，逐渐形成了当地的特色蔬菜“菜心”。

菜心繁种基地

“四九-19号”菜心

湿热是岭南气候明显的特征，而中医认为，菜心不温、不凉、不寒、不热、不湿、不燥，视其为正气之蔬品。但长期以来，实现菜心的周年均衡供应是岭南地区“菜篮子”面临的主要难题。

岭南夏季高温多雨，菜心喜冷凉气候，适宜生长温度为15～25℃，不耐雨水，每年4—9月很难种植。广州市农业科学研究院老一辈育种家彭谦从本地收集各类耐热种质资源，采取自然高温、高湿鉴定方法，从地方品种“四九心”中，于1978年选育出我国第一个通过省审定的菜心品种——“四九-19号”菜心。这个品种耐热性强，而且耐雨水、耐炭疽病，一经推出便广受欢迎，填补了岭南夏季菜心种植品种的空白。冬季温度低，菜心容易提早春化，提前抽薹开花，形成俗称“牙签菜”的细小菜心，生产上损失巨大。为此，育种家又培育出“迟心2号”“迟心4号”等耐抽薹和丰产品种，助力老广实现“菜心自由”。

耐抽薹菜心类型

进入21世纪，人们对蔬菜品质的要求越来越高，但是由于先天气候条件的限制，岭南地区夏季栽培的菜心口感已经满足不了人们对美好生活的向往。

随着冷链保鲜技术和运输业飞速发展，菜心的长距离运输逐渐成为可能。于是执着的岭南人，特别是广东人在21世纪初，前往全国各地寻找适合菜心夏季种植的地方，最终选定了夏季平均气温在21℃左右、昼夜温差大、降水量偏少的宁夏。宁夏于2006年开始规模化种植菜心，由于品质优异，“宁夏菜心”在广东市场知名度极高，目前年种

宁夏菜心种植基地

植面积在120万亩次以上，年产量60万吨以上。但实际上，宁夏菜心的品种、管理、技术和生产工人均源自广东，是真正的广东种（zhǒng）广东种（zhòng），种出来的菜心也主要销往粤港澳大湾区。

改革开放以来，很多人来到广东，把吃菜心的习惯带回各自的家乡，使菜心的生产量和消费量越来越大。据统计，菜心全国年种植面积已近1 000万亩次，相当于大白菜种植面积的1/3，正在成为一种全国性的大宗蔬菜。

## 拨雪挑来塌地菘，味如蜜藕更肥浓

2 000多年前的《氾胜之书》中说："芸薹足霜乃收，不足霜即涩。"南宋范成大在退隐苏州石湖后，著有《四时田园杂兴》，描写了春日、晚春、夏日、秋日和冬日的田园景

经霜蔬菜分外甜

象，生动绘制了一幅田园农事动态图。其中在描写冬日时记载“拨雪挑来塌地菘，味如蜜藕更肥浓”（“菘”是古时白菜类蔬菜名，塌地菘即现在的乌塌菜）。这两句话大意指出秋冬季节气温下降，经“霜打”后的蔬菜，风味更好，甚至比“蜜藕”还要美味。

被冻伤的蔬菜

蔬菜遮盖薄膜以防冻伤

水东芥菜

其实，霜打的蔬菜变得更甜更美味，是因为它们启动了“防冻保护模式”，用糖水溶液凝固点低的特点来保护自己。

冬季夜间的低温会减弱青菜的呼吸作用，青菜为了抵抗寒冷，白天光合作用产生的碳水化合物就会更多地在植株内积聚。青菜在骤然降温时，为适应环境变化，防止冻害，体内的淀粉在淀粉酶作用下分解为麦芽糖，再在麦芽糖酶作用下分解为葡萄糖，增加细胞液中的可溶性糖分，提高细胞液浓度，从而在一定程度上增强了青菜防冻害能力。加上霜冻天气大多是白天阳光普照，无降水，天气干燥，青菜细胞液浓度高，所以经霜的蔬菜分外甜。另外，在低于4℃的霜降天气里，青菜会因为受冻造成细胞损伤，细胞膜破裂，细胞内的糖、氨基酸等物质也会外渗出来，形成甘甜、软糯的口感。但是，如果霜特别重，第二天白天升温很快，就很容易造成青菜霜冻危害，严重时就会变成生产上的灾害了。

还有一种情况，有些蔬菜如芥菜含有芥子油苷类物质，这类物质通常是有苦味的，对害虫和植物疾病有特殊的防御作用。但霜降等降温天气的到来，会延缓芥菜中芥子油苷类物质合成。因此，冬日里的水东芥菜爽脆清甜，能令我们久久回味。

当然，并不是所有的蔬菜经过霜打后都会变甜、变好吃，一些抗寒性差的蔬菜，如茄子、西红柿、辣椒、豆角等，受冻后容易发皱、发蔫，不易储存，正所谓是霜打的茄子——蔫了。

## 丑小鸭变身白天鹅——莙荙菜

莙荙菜传入我国是在萨珊王朝时期，采用的译名“军达”“莙荙”来自中古波斯语，从侧面反映了我国唐朝时期与世界各国之间的文化交融盛景。

莙荙菜在中国各地有不同的叫法，四川、重庆一带称之为牛皮菜，广西称之为厚皮菜，江苏、浙江称之为叶菾菜，北京有些地方称之为假菠菜，而广东的叫法就更接地气了——猪乸菜。从莙荙菜的各种别称来看，它从来都难登大雅之堂，在现实用途上也是如此。在广东农村地区，莙荙菜更多是被用作猪饲料，只有在春夏之交，蔬菜供应青黄不接时，偶尔被当作“度淡蔬菜”食用。但随着蔬菜储存保鲜技术的发展及西菜东运、北菜南运、南菜北调的实现，我们的大中城市菜市场已“鲜蔬四时丰”，莙荙菜更是在菜市场很少见到，难成主流。

颜色丰富的莙荙菜

绿梗莙荙菜

虽说莙荙菜的口感不如菠菜那样柔软，但是细做起来也别有风味。家常做法是将叶、叶梗分别切段，氽水后过凉水并沥干，然后再将蒜、莙荙菜倒入锅中爆炒，上碟之前放少许芡，以保证莙荙菜的口感嫩滑。广东韶关还有一道“莙荙菜包”，也是令人回味无穷。韶关客家人多来自以面食（如饺子）为主食的中原，南迁后由于环境条件所限，遂改成以米食为主食。元宵节把莙荙菜包做成饺子形状，目的是借此追怀祖先，以表相思之情。

用莙荙菜汁做的饺子

中国传统的莙荙菜以白梗、青梗品种为主，近年来从欧洲引进了黄色、红色、粉红色等颜色的品种，出售时把不同颜色的菜叶扎在一起，看上去不但卖相十足，也刺激人的食欲，其丰富的天然色素为糕点、面包、饺子等食物增色不少，在一些高档餐厅更是把颜色丰富的莙荙菜叶柄、叶片用于拼盘或艺术摆盘，无形中提升了用餐档次。

白梗、青梗莙荙菜在冬季低温条件下花芽易分化，在春季更易抽薹开花，从而失去食用价值。而新引进的黄梗、红梗莙荙菜品种更耐寒，在华南地区的气候条件下花芽不易分化，采收期长，观赏期长，观赏性强，因此极其适合作为盆栽、可食地景蔬菜品种。

红梗莙荙菜

黄梗莙荙菜

## "风靡一时"的埃及帝王菜

2013年的夏季，我们在主流媒体上看到广州市某郊区种植了300多亩"埃及帝王菜"，这是一种营养价值极高的

被誉为"埃及帝王菜"的长蒴黄麻

蔬菜，在以埃及为中心的阿拉伯国家的宫廷中，其作为御膳食用已有悠久历史。

深受潮汕人喜欢的叶用黄麻

作为长期研究特菜的农业工作者，我们历来对冠以“皇帝菜”“帝王菜”“皇后菜”等霸气名号的蔬菜特别敏感，于是驱车来到“埃及帝王菜”种植基地。走近一看，发现原来这种被称为“埃及帝王菜”的新型蔬菜和潮汕地区人们喜爱吃的黄麻叶极其相像，只不过“埃及帝王菜”颜色更深绿，叶片更宽大。煮来尝尝，口感也不错，柔软滑嫩，清香爽口，风味也和平常吃的黄麻叶几乎一样，这让我们更加确定“埃及帝王菜”其实就是黄麻属的植物。经过查阅资料，“埃及帝王菜”的学名为长蒴黄麻，主要食用部位为嫩叶。我国主要食用黄麻的嫩叶，北宋苏颂的《本草图经》就已经记载了黄麻形态和食用方法。黄麻叶在潮州菜中的地位是不言而喻的，在广东，几乎每家潮菜馆都有黄麻叶，甚至有人说，要判断一家潮菜馆地不地道，一要看有没有黄麻叶卖，二要看做法地不地道。

虽然整个“埃及帝王菜”基地看上去青翠迷人，但滞销问题令场主脸上愁云满布。场主本身是做工业起家的，后来听人说“埃及帝王菜”营养价值高、售价高，市场供不应求，于是大手一挥就种植了300多亩。其实，100亩的黄麻叶基本上就可以供应整个广州市场了。

黄麻叶作为蔬菜食用有一定的营养价值，可以作为日常蔬菜饮食的有益补充，但是假如你把它当作包治百病、延年益寿的“帝王菜”，那劝你还是趁早打消这种念头吧。黄麻叶产量高，可连续采收，但作为特色叶菜，其认知度和功效尚未被市场广泛接受，不宜一下子大面积种植推广，应循序渐进。

连片种植的“埃及帝王菜”

## 落葵 · 藤菜 · 潺菜 · 木耳菜 · 胭脂菜

盛夏时节，瓜豆蔬菜迅速占领了菜市场，作为喜好吃叶菜类蔬菜的老广来说，落葵是为数不多的选择之一。落葵，落葵科落葵属蔬菜，很早就被中国人发现并食用了，在2 000多年前的《尔雅》中就有对落葵的描述和记载。

落葵，多年生蔓生草本植物。大家可能会奇怪，落葵不是像白菜一样一株一株矮生的吗？其实任由落葵生长的话，它是会像瓜类一样攀缘的。它在全国各地有不同的名称，如藤菜、木耳菜、胭脂菜、豆腐菜等，但我觉得“潺菜”最能体现它的特点。粤语形容落葵的口感非常到位——滑潺潺，既说明了落葵滑溜溜的口感，也表明了大多数人

鲜嫩的落葵

对它黏糊的口感并不是那么接受，但在缺少叶菜的夏季，它就显得异常珍贵了。

落葵吃起来黏黏腻腻的，那么这种特别的口感从何而来呢？ 这是因为它富含多糖。以前，多糖被认为是对人体毫无用处的物质，因为人类的消化系统不能分解和吸收它们，它们也不能为我们的生命活动提供营养和能量。不过，随着科学研究的深入，多糖的好处慢慢显现出来。一方面，它们可以为生活在肠道中的微生物提供必要的营养，对于维持肠道菌群和谐具有一定作用。另一方面，它们还可以促进胃肠的蠕动和代谢。植物多糖因其优秀的吸水性和高保湿特性，已被广泛运用到化妆品、食品等行业中。

红梗落葵

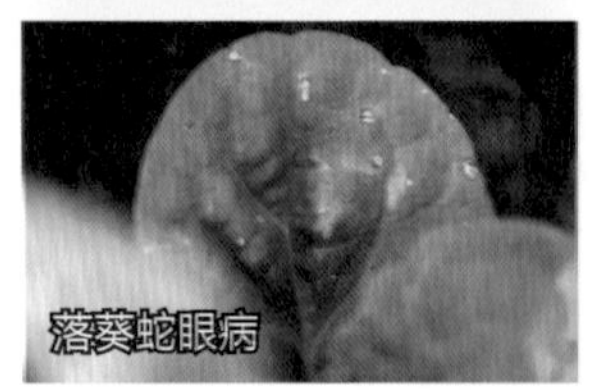

落葵蛇眼病

落葵果实

落葵主要有青梗和红梗两个品种，因为落葵叶片几乎是贴地生长的，因此在高温、高湿的夏季容易感染“蛇眼病”，如不注意防治常会造成很大的损失。落葵成熟后会结籽，有些爱美的小女孩喜欢把落葵籽的汁液挤出，涂在指甲上，就成了天然的胭脂，也难怪落葵又被称为“胭脂菜”。《本草纲目》中亦记载落葵，将果子“揉取汁，红如燕

脂，女人饰面、点唇及染布物”，分明是极好的天然染色剂。时至今日，落葵果汁液的提取物，亦被用作天然无害的食品着色剂。只不过若是用这红色汁液来染衣物，经日晒和浣洗，稍久便会逐渐褪色。以落葵果实为原料提取的落葵红可作酸碱指示剂，指示效果好，灵敏度高，其指示剂变色的pH为8.5 ～ 10.4。

还有种极其类似于落葵的攀缘性蔬菜——落葵薯，又被称为田三七、藤三七，不仅适用于庭院、阳台、小型篱栅装饰美化及作园林绿廊用，而且也经常作为蔬菜食用。

## 掉色的苋菜还能吃吗？

到了夏季，苋菜生长正旺盛，小时候我们喜欢把红苋菜的汤汁拌在米饭中，米粒被染成浅红色，顿时令人食欲大开，一口气能满足地吃下两大碗米饭。也许是红苋菜的颜色太过艳丽，竟然有人在网络上造谣说掉色的苋菜是被人为染色的，让一些不明真相的老百姓对苋菜望而生畏。

美味的苋菜汁拌饭

其实，苋菜的红色主要是来自甜菜色素，它存在于细胞液泡中，烹煮的时候热量破坏了细胞膜和细胞壁，甜菜色素溶于水就显出红色来了。因此，苋菜掉色属于正常现象，大家大可放心食用。莙荙菜、火龙果等植物中也含有易溶于水的甜菜色素，因此也会掉色。紫甘蓝、黑米等水洗或烹煮时也会掉色，但它们含有的色素是易溶于水的花青素。至于我们时常听到的苋菜红，那并不是从苋菜中提取的天然色素，而是人工合成的一种水溶性偶氮类着色剂，和苋菜没有一丁点的关系。从正规渠道购买食材，学习了解蔬果色素形成的原理，可以更好地享受大自然的馈赠！

红苋如丹照眼明，卧开石竹乱纵横。
——陆游《秋日杂咏》

竹窗红苋两三根，山色遥供水际门。
——王安石《竹窗》

苋菜的古老超乎想象。在甲骨文中就有“苋”这个字了，《尔雅》中，也有“蒉，赤苋”的解释。可见，苋菜在当时就被人们所认识。苋菜根据叶形可分为圆叶苋菜、尖叶苋菜和卵圆形叶苋菜，根据叶色可分为绿苋菜、红苋菜和彩色苋菜等。兴许是因为红苋菜的颜色讨喜，人气也比绿苋菜高得多，就连古人的诗词都对红苋菜赞咏更多。

苋菜产品

观赏价值与食用价值兼具的苋菜

通常我们都是食用苋菜鲜嫩的茎叶，但在绍兴、宁波一带，人们另辟蹊径，任由苋菜生长，等蹿长到比人高，茎肉充实的时候，去叶取梗，切作寸许长短，清水浸泡，沥干，然后用盐腌制，加上陈年老卤藏于瓦罐中，静候发酵即成闻起来臭、吃起来鲜香的霉苋菜梗。蒸食霉苋菜梗时，上笼蒸制，取出后滴几滴麻油，放在嘴里轻轻一吮，霉苋菜梗既软又滑的芯子就滑入咽喉，就像吸吮果冻一样，软嫩香滑，鲜留齿间，透彻肺腑，回味悠长，难怪周作人在《苋菜梗》中道绍兴“平民几乎家家皆制，每食必备”。我特意托绍兴的朋友寄来霉苋菜梗，正如美食探索纪录片《风味人间》所描述的“难以名状的味道直冲鼻腔”，还真是令人印象深刻。

霉苋菜梗

## 春日清欢忆茼蒿

春季的餐桌上，母亲不时会炒上一盘青翠碧绿的茼蒿，那种久违的清香在唇齿间四溢，让我留恋回味。茼蒿又被称为“蓬蒿”，历来受到古代文人雅士们的青睐，“小园五亩剪蓬蒿，便觉人间迹可逃”“甘彼藜藿食，乐是蓬蒿庐”……青青茼蒿，我们喜爱的就是那一口有“清欢之味”的浓浓春意。到了夏季，菜地里吃不完的茼蒿竞相绽放花朵，有纯黄色的，有黄色、白色相间的，具有菊科植物典型的特征，煞是清新俏丽，难怪欧洲常用作花坛花卉。

茼蒿花

茼蒿原产地中海，以嫩茎叶为食，有蒿之清气、菊之甘香，可凉拌、炒食或作为火锅配菜。茼蒿依叶的大小分为大叶茼蒿和小叶茼蒿两类。大叶茼蒿又称板叶茼蒿或圆叶茼蒿，南方多栽种。小叶茼蒿又称花叶茼蒿或细叶茼蒿，后来又培育成嫩茎用品种——蒿子杆，可多次采收，北方多栽种。至于蒿子杆又被称为“皇帝菜”则无从考究，也不太可信，毕竟很多人对茼蒿的独特味道避之不及。

大叶茼蒿

小叶茼蒿

中国栽培茼蒿的历史悠久，早在唐朝就有关于茼蒿栽培的记载。在唐朝药王孙思邈的《备急千金要方》中，就记载了茼蒿的用处“安心气，养脾胃，消痰饮，利肠胃”。元朝的《王祯农书》载有“茼蒿者，叶绿而细，茎稍白，味甘脆。春二月种，可为常食”，已把“茼蒿”作为蔬菜收录。因此，刘墉在其散文里写道：“茼蒿既可蔬，又可赏，又有乡情浓郁之味，田园的依稀印记，一举而数得。”诚如是。

小叶茼蒿产品

现代科学研究发现，从茼蒿中提取出的茼蒿素，对家蚕、马利筋长蝽和线虫等具有较好的毒杀活性，对小菜蛾和菜粉蝶幼虫有较好的拒食活性，因此，可以用田间种植茼蒿或使用茼蒿素的方法来防治病虫害的发生。茼蒿素在茼蒿中的含量只有0.01%，对人畜是安全的。从茼蒿花中提取的茼蒿色素是土耳其的传统染料，染出的布料具有颜色鲜艳、色牢度强等特点。

还有一种也被称为“茼蒿”的野菜——野茼蒿，在《救荒本草》中有记载，和茼蒿较大的区别在于其花序是由管状花组成的。野茼蒿又被誉为“革命菜”，嫩茎叶常被采来食用，有一种淡淡的菊花香，有微微的苦味，无论是炒菜、做汤还是凉拌，都有其特别的风味。

野茼蒿

枸杞花——典型的茄科作物特性

## 回甘爽口枸杞叶

枸杞和番茄、茄子、辣椒一样，都是茄科植物吗？是的，你没看错，虽然有点令人意外，但只要仔细观察枸杞花和新鲜枸杞果实，你也许就不会再有所怀疑了。茄科蔬菜的主要特征：花冠合瓣，5枚裂片，雄蕊5枚，雌蕊1枚；多为浆果。

枸杞分为两种类型，一种是果用型的，宁夏的中宁、中卫等为著名的果用枸杞特产区；另一种是叶用型的，采摘嫩茎叶食用。叶用枸杞又分为大叶枸杞和细叶枸杞，主要在广东、广西及台湾等地栽培。广州的峡石、大石岗等村落以前是叶用枸杞种植专业村，只不过随着城市建设的发展，叶用枸杞现在只有零星种植了。叶用枸杞以扦插繁殖为主，《农政全书》中有“截条长四五指许，掩于湿地中亦生”的记载。

扦插种植方式

叶用枸杞

枸杞叶在我国应用历史悠久，自古便作为药食两用植物。枸杞叶药用始见于魏晋《名医别录》，其中记载“冬采根，春夏采叶，秋采茎实，阴干”。孙思邈在《备急千金要方·食治方》中将枸杞叶列于“菜蔬”首位并加以介绍，将枸杞叶的功效高度概括为“补虚羸，益精髓”。徐光启于其《农政全书》中记载枸杞“叶亦佳蔬”。《本草纲目》记载：“春采枸杞叶，名天精草；夏采花，名长生草；秋采子，名枸杞子；冬采根，名地骨皮。”由此亦可见，枸杞叶药食两用角色深入人心。

叶用枸杞种植基地

叶用枸杞生长适宜温度为15～25℃，春季是岭南地区枸杞叶品质最佳的季节。叶用枸杞在春季时是不带刺的，采摘时一手拎住顶端，另一手从上往下捋，一把鲜嫩枸杞叶就成了。到了夏季，叶用枸杞为了对抗高温，叶片会变小，甚至会从枝条上长出小刺。枸杞叶无论是滚汤、素炒均美味可口，具有清热益阳、明目安神等功效。在《红楼梦》里，薛宝钗和贾探春就曾向厨房要过一道“油盐炒枸杞芽”。虽然略带一些清苦，但是枸杞叶回甘清爽的口感也让人回味悠长。

## 盛夏蕹菜脆嫩肥

蕹菜花

番薯花

蕹，叶如落葵而小，性冷味甘。南人编苇为筏，作小孔浮于水上，种子于水中，则如萍根浮水面，及长，茎叶皆出于苇筏孔中，随水上下，南方之奇蔬也。

——嵇含《南方草木状》

番薯、牵牛花和蕹菜是近亲？我没听错吧，一个是粮食作物，一个是观赏花卉，一个是蔬菜，看起来风马牛不相及，但如果你看看它们开的花，也许就不会那么诧异了。它们都是属于旋花科虎掌藤属的植物。

蕹菜，因其梗中空而又得名“空心菜”，还有竹叶菜、藤菜、通菜等别称，主要有白梗和青梗两种类型，白梗口感脆嫩，青梗口感柔嫩。晋朝嵇含《南方草木状》记载了蕹菜，这说明蕹菜在南方早已食用，同时还描述了蕹菜栽培技术可能是世界上最早的无土栽培技术。广州亦有“南蕹西芹，菜蔬之珍”的民谚。穗城之南，原来的大忠祠一带，曾经是肥蕹的产地，乃为“南蕹”；西郊则产美芹，乃为“西芹”。一南一西，佳誉由此而得。

每当盛夏，绿叶菜几乎绝迹，瓜豆类垄断了菜市场，人们渴念着绿叶元素。就在这时候，你会于清晨的菜市场，见到一担担蕹菜，苍翠欲滴。由于酷暑，人们的胃口似乎丢失了，这当儿，一碟清炒蕹菜，或是一碗蕹菜汤，会令你口颊清香，荡涤烦暑，乃至召回失去的食欲。凡是亲口尝过的，都会认为蕹菜确乃夏日佐膳佳蔬。

清朝吴其濬《植物名实图考》对蕹菜有一段记述：“余壮时以盛夏使岭南，獐（憎恨）暑如焚，日啜冷齑。抵赣骤茹蕹菜，未细咀而已下咽矣。每食必设，乃与五谷日益亲。”

这段文字既道出了吴先生是蕹菜的知己，吃蕹菜时显得如此迫不及待，也证实了蕹菜确实有清暑祛热、促进食欲的功效。有了蕹菜的碧绿和清香，燥热的夏季开始变得有滋有味了。

白梗蕹菜

青梗蕹菜

“它是中空的，种在地里，也比其他蔬菜更容易富集重金属吧？”关于蕹菜富集重金属的传言由来已久。但这种说法是站不住脚的。

蔬菜是否容易富集重金属不仅与植物的形态结构有关，还与植物根系的分布情况、吸收能力等多种因素有关。尽管蕹菜的茎属于中空结构，但是它吸附重金属的能力并不强，目前尚未有蕹菜是重金属富集植物的研究报道。另外，

脆嫩的蕹菜

任何农作物重金属是否超标，都离不开产地环境的质量。一般来说，产地环境重金属不超标，农作物重金属超标的概率极低。如果产地环境重金属超标，那么，种什么作物都有重金属超标的风险。也就是说，只要产地环境好，正常栽培出来的蕹菜，无须担心其重金属残留问题。外国人大部分不吃蕹菜是事实，但并不是因为污染，而是饮食习惯所致。

蕹菜栽培

## 杜甫《种莴苣》

苣兮蔬之常，随事艺其子。
破块数席间，荷锄功易止。
两旬不甲坼，空惜埋泥滓。
——杜甫《种莴苣》节选

《种莴苣》是唐朝诗人杜甫创作的一首五言古诗，不过，大诗人杜甫似乎并不是个种菜能手，弄好了地，撒下了莴苣种子，满怀欣喜地等待，等待了好久都没见莴苣发芽，只能对着埋下种子的泥土空叹息，最后菜地都被野苋占领了。

据宋朝陶谷《清异录》记载，莴苣于隋朝才传入中国，唐朝的杜甫没有摸清莴苣的生长习性也是情有可原的。莴苣喜冷凉的气候，从《种莴苣》可以看到野苋是疯长的，说明杜甫种植莴苣的季节可能是初夏时期。在夏季高温季节，莴苣种子需先经过低温处理，打破种子休眠。在古代没有冰箱的情况下，可以采用把种子吊在冷水井的方法进行低温催芽。当然，诗圣杜甫并非拘泥于栽种莴苣是否成功，而是借此诗发泄对当朝小人当道，以邪压正，正人君子却横遭欺凌的不满，揭发朝廷的不正之风。

莴苣是菊科莴苣属蔬菜，主要分为茎用莴苣、长叶莴苣、皱叶莴苣和结球莴苣4大类型，其中茎用莴苣即莴笋，分为圆叶莴笋和尖叶莴笋；长叶莴苣又称直立莴苣，我们常见的甜荬菜、苦荬菜、罗马生菜等属于这一类型；皱叶莴苣叶片多有皱褶，如红叶生菜、意大利生菜、橡叶生菜、玻璃生菜等；结球莴苣心叶抱合成叶球，产品脆嫩，如包心生菜、奶油生菜、牛油生菜等。至于细菊生菜，虽然也被称为生菜，但它是菊科菊苣属蔬菜，属于另一种类型的蔬菜。

茎用莴苣

长叶莴苣——甜荬菜

长叶莴苣——苦荬菜

长叶莴苣——罗马生菜

皱叶莴苣——红叶生菜

结球莴苣——牛油生菜

皱叶莴苣——橡叶生菜

结球莴苣——包心生菜

细菊生菜

叶用莴苣一般俗称为生菜，顾名思义是“可以生吃的蔬菜”，玻璃生菜、红叶生菜适合用于沙拉。叶用莴苣适合生吃的原因：一方面，莴苣含有一种带苦味的物质——莴苣素，可以杀灭细菌，同时可以刺激消化系统从而达到开胃的作用。当我们轻轻掰开莴苣叶片的时候，就会渗出白色的乳液，这种乳液中就含有莴苣素。另一方面，采用水培技术种植莴苣有效阻隔了土壤和未腐熟有机肥的病菌和寄生虫卵，而莴苣目前是水培生产中规模较大的蔬菜品类，可以保障其生吃的安全。当然，土壤栽培的生菜，只要符合安全生产要求，清洗干净叶片，同样是可以放心生吃的。20世纪90年代曾有人以莴苣为主要原料，开发出系列莴苣饮料，但终究难以被市场接受，已成过眼云烟，莴苣还是新鲜的更好吃！

水培生菜

## 观赏食用价值兼具的甘蓝家族

甘蓝类蔬菜是十字花科芸薹属一、二年生草本植物，包括结球甘蓝、羽衣甘蓝、抱子甘蓝、花椰菜、青花菜、球茎甘蓝和芥蓝等不同的变种，是目前世界上栽培面积较大的蔬菜种类之一。除了原产我国华南地区的芥蓝外，其余均为域外传入品种。

甘蓝类蔬菜在进化过程中演化出了一套错综复杂的化学防御手段。这套防御机制由一类看似无害的化学物质硫代葡萄糖苷和一种特殊的黑芥子酶组成，这两种物质在细胞内独立储存。硫代葡萄糖苷本身就有一种苦味，这种不愉悦的味道已经足够抵御大多数食草动物。当植物细胞受到损伤时，这两种物质会混合，硫代葡萄糖苷会转变为刺激性非常强的异硫氰酸酯。但在烹饪时，高温下黑芥子酶会变性而保留下有苦味的硫代葡萄糖苷。结球甘蓝和抱子甘蓝的硫代葡萄糖苷含量相对较高，这也是为什么有些人不喜欢吃炒熟的结球甘蓝或抱子甘蓝。

甘蓝家族成员众多，既有食用叶片的，也有食用花器官的，还有观赏性极佳的，可谓个个身手不凡，各具特色。

### 结球甘蓝

结球甘蓝起源于欧洲地中海沿岸，从航海大发现时代起，逐渐被欧洲人传播到世界各地。明清时期，结球甘蓝传入我国，凭借其出色的抗寒性和丰产性，逐渐被人们接受，成为餐桌上必备的蔬菜之一。餐桌上常见的是绿色结球甘蓝，后来又引进了紫色结球甘蓝，多用于蔬菜沙拉，观赏食用价值兼备。

由于结球甘蓝引入我国的地域、方式各不相同，于是形成了各式各样的叫法。一类是反映来历的，如俄罗斯菘、老枪菜、老枪白菜、茴子白、番白菜、高丽菜等；另一类是象形的，如莲花菜、莲花白、椰菜、包菜、卷心菜等。此外，还有既象形，又反映来历的，那就是番芥蓝。

结球甘蓝

然而，不少人认为结球甘蓝湿热，不可多吃。但查遍相关资料，也没有任何关于结球甘蓝会导致湿热的说法。结球甘蓝味甘，性平，并不会导致人体湿热。

## 花椰菜和青花菜

花椰菜和青花菜食用的部分是它们的花序，是短缩的花茎组成的花球，它们的整体形态虽然一样，但颜色却有所差别。前者多为白色，也有黄色、黄绿色和紫色等类型，后者则是绿色的。而且叶子的颜色也不太一样，花椰菜叶子为灰绿色，青花菜叶子颜色更深一些。花椰菜、青花菜花球是代谢极其旺盛的器官，采收后由于切断了花球与营养体的联系而失去了代谢补偿能力，加上呼吸作用很强，不耐储存，应尽快食用。

这几年流行的一个品种“松花菜”，为花椰菜中的一个类型，因其蕾枝长、花层薄、花球充分膨大时不紧实，相对于普通花椰菜较松散，故此得名。松花菜的糖分和维生素含量均高于普通花椰菜，质地更为坚韧耐煮，口感也更脆嫩甘甜。正是由于松花菜的优良质感，往往被冠以“有机花菜”的头衔，但这只是品种差异，跟有机农业一点都搭不上边。

## 羽衣甘蓝

羽衣甘蓝品种繁多，株丛高大而美观，肥厚的叶片形态多变，层层叠叠的叶片色彩鲜艳，尤其是中心部位的叶片颜色尤为丰富，整个植株犹如一朵盛开的牡丹花，叶色绚烂如花，观赏价值非常高，是布置露地花坛、花台及盆栽陈设美化时不可多得的优秀用材。

羽衣甘蓝除了颜值高、极具观赏价值外，它还有很多菜用品种。在菜用品种中，绿叶羽衣甘蓝无疑是口感和品质上乘的，也是目前的主流菜用品种之一。

羽衣甘蓝产品

抱子甘蓝产品

## 抱子甘蓝

抱子甘蓝别名芽甘蓝、子持甘蓝，由结球甘蓝进化而来，茎直立，顶芽开展并不形成叶球，但其腋芽可以形成许多绿色的小叶球。由于生长在叶腋间的叶球很符合“子附母怀”的意境，所以被称为“抱子甘蓝”。

清朝末年，抱子甘蓝由荷兰引入中国，最初在北京西郊的农事试验场试种，其后又多次从日本等地引入，现在北京、上海、广州等全国大中城市近郊有小面积栽培。抱子甘蓝结球时如一串串小乒乓球，极具观赏价值。

由于抱子甘蓝苦味稍重，且有一股奇怪的味道，因而人们并不太能接受，但如以高汤煨之，则味道鲜美，风味独特。

## 球茎甘蓝

球茎甘蓝通过古丝绸之路由西向东传入中国，传入中国的时间不晚于 13 世纪的元朝。“蓝菜”“甘蓝”“茄莲”“擘蓝”“芥蓝”“玉蔓菁”“菘根”“苤蓝”“芥兰头”等是球茎甘蓝在不同时期、不同地区使用的名称，迄今仍在各地广泛使用。早期传入中国的球茎甘蓝茎部膨大不显著，明清时期起有球茎膨大品种栽培。中国北方是栽培、驯化、选育球茎甘蓝品种的重要地区。

球茎甘蓝

## 芥蓝

芥蓝是一种薹用甘蓝，起源于中国南部，也是我国的特产蔬菜。芥蓝在甘蓝类蔬菜里是个异类，主要开白花，所以又被称为“白花甘蓝”。

西兰苔

粤港澳地区的人们很爱吃芥蓝，其地位仅次于菜心。苏轼谪居惠州时所作的《雨后行菜圃》记载“芥蓝如菌蕈，脆美牙颊响”，给予了芥蓝至高无上的评价。

近年来，在大城市的高级食肆，正悄然兴起一股吃绿色蔬菜——西兰苔之风。西兰苔为何物也？它是由青花菜与芥蓝杂交选育而成的一种新型蔬菜，又称小小西兰花、青花笋、芦笋青花菜，它集合了青花菜与芥蓝的优点，同时又聪明地去掉了青花菜和芥蓝的缺点。它比青花菜更甜脆可口，比芥蓝更甘甜，却没有芥蓝常有的青涩味道，而且还可以连续采收。

芥蓝

灵韵
茄果

茄果类蔬菜主要是指茄科植物中以浆果作为食用器官的蔬菜，主要有辣椒、西红柿、茄子。茄果类蔬菜虽然绝大部分都是外来品种，但由于其适应性强，生长及供应的周期长，产量高，加之果实营养丰富，已成为我国蔬菜结构中的重要组成部分，其栽培面积、产量占蔬菜比重均为1/4左右。

## 漂洋过海而来的辣椒

辣椒原产美洲，哥伦布航行美洲时将它带回欧洲。我国最早的辣椒记载见于明朝高濂1591年所著的《遵生八

辣椒产品荟萃

笺》:“番椒，丛生花白，子俨秃笔头，味辣色红，甚可观，子种。”此后崇祯年间成书的《食物本草》与徐光启的《农政全书》、方以智的《通雅》等典籍均称辣椒为番椒，番椒成为辣椒最早的中文名称。辣椒一名最早出现在1733年《广西通志》中的“每食烂饭，辣椒为盐”，随后“辣椒”一名迅速用于全国。

2020年，我国辣椒种植面积为1 221万亩，产量为1 960万吨，均排名世界第一，干辣椒出口量为4.53万吨，主要出口国为墨西哥。墨西哥是辣椒的起源中心之一，辣椒漂洋过海来到中国后，勤劳智慧的中国人把它发扬光大。这一进一出，似乎应该启发我们去深思，新事物、新技术的引进，怎样做才是符合客观规律的。

辣椒可分为5个类型：灯笼椒类型、长辣椒类型、簇生椒类型、圆锥椒类型和樱桃椒类型。

虽然中国现在有近4亿人是经常吃辣椒的，以江西、云南、贵州、四川、重庆、湖南较为出名，但辣并不是一种味道，而是一种痛感。辣椒含有一种叫作“辣椒素”的生物碱，它们能和感觉神经元的香草酸受体结合［瞬时受体电位香草酸亚型（TRPV）离子通道］，从而产生一种灼烧的感觉。而大脑在接收到这种感觉后，会本能认为人体被灼伤，从而释放一种镇痛物质——内啡肽，产生一种快感。TRPV离子通道在所有哺乳动物中都普遍存在，所以含有辣椒素的植物能够阻止啮齿目和其他动物以它们为食。同时，辣椒素还可以抑制真菌生长，保护种子。鸟类的这种离子通道上缺乏辣椒素结合位点，所以它们能够不受伤害地吃辣椒果实，并帮助辣椒传播种子。

灯笼椒类型
长辣椒类型
簇生椒类型
圆锥椒类型一
圆锥椒类型二
樱桃椒类型

为了统一评估辣椒辣度，国际通用衡量辣度的单位是史高维尔指标。它在1912年由美国化学家威尔伯·史高维尔制定，简称“SHU”。史高维尔指标越高，就意味着辣椒越辣，人类脑下垂体释放的内啡肽就越多，兴奋感就越强烈。或许是为了获得更强烈的兴奋感，人类开始踏上了一场追寻更辣辣椒的旅程。印度的魔鬼辣椒的辣度能达100万SHU，曾一度保持吉尼斯世界纪录。而目前全世界最辣的辣椒是来自英国的龙息辣椒，辣度达248万SHU，已被认证为吉尼斯世界纪录。

除了在口腔中感受到热和灼烧之外，吃大量的辣椒也会对胃肠道造成刺激。辣椒或浓缩的辣椒提取物引发的灼热不适感，会让眼睛和鼻子遭受极大的痛苦。正因如此，辣椒喷雾剂也被证实是一种有效的防身武器。

魔鬼辣椒

叶用辣椒

在绝大多数情况下，一个辣椒果实的胎座辣椒素含量最高，果肉次之，而籽最低。生活中，常会被辣椒“辣到”。解辣的方法其实很简单。辣到手，用酒精擦洗效果好，不推荐用水洗。因为辣椒素是不溶于水的，它只能与油类、酒精和脂肪结合，所以解辣的方法是喝牛奶，牛奶中含有大量的酪蛋白，可以很好地把辣椒素包裹起来带走，而且牛奶含有的脂肪也能起到一定的缓解作用。低温也有一定的解辣作用。可见，喝一杯冰牛奶解辣效果好。

辣椒具有开胃消食、散寒除湿、促进人体血液循环等功效，但平素阴虚内热的人要少吃辣椒，如《随息居饮食谱》中所说：“人多嗜之，往往致疾。阴虚内热，尤宜禁食。”像我这种完全吃不了辣、又不想被辣椒这个主流蔬菜所抛弃的食客，还是乖乖品尝辣度几乎为零的彩色甜椒或辣椒叶吧。

## 数百年前是客，如今遍布全国

番茄起源于墨西哥，大概在公元前500年它就已经开始被人类驯化栽培。欧洲人在16世纪将番茄带回了欧洲大陆，只不过当时番茄是被当作观赏植物引进的。直到后来，意大利人开始食用番茄，开启了番茄大范围种植推广之路。大家注意，直到这个时期，番茄还都是袖珍型的。所以“樱桃番茄都是转基因的”这种说法是站不住脚的，番茄的祖先就是樱桃番茄。后来人口快速增长，为解决食物问题，育种家经过层层选育，才出现了大番茄。这让我想起一件趣闻。1986年，英国女王伊丽莎白下榻广州某接待酒店时，特意要求吃樱桃番茄。在英国，樱桃番茄是很普遍的蔬果，但在当时的中国，温饱刚基本解决，樱桃番茄对大多数人来说还是稀罕物。酒店工作人员打听到位于郊区的广州市蔬菜研究所栽植有樱桃番茄，特意吩咐要等女王到访时才能采摘。

番茄大约在16世纪末或17世纪初的明万历年间传入我国。元朝《王祯农书》茄子篇中著录有“番茄”一名，但那是指茄子的一个品种，而不是番茄属的番茄。最早记载番茄的是在王象晋的《二如亭群芳谱》中，使用“蕃柿”这一名称，主要用于观赏。直到20世纪20年代。番茄栽培才开始爆发性增长，如今全国各地都留下了番茄的踪迹。

颜色丰富的樱桃番茄

## 栽培的番茄类型

普通番茄

现在我国栽培的番茄类型有普通番茄、大叶番茄、樱桃番茄、直立番茄和梨形番茄。普通番茄的种植中，北方以保护地为主，南方以露地为主，但随着对商品性的重视程度不断提高，目前南方保护地种植呈增长趋势。北方以口感沙绵、颜色粉亮的粉果为主，南方以质感坚硬、颜色鲜红的红果为主，普通番茄品种呈现“北粉南红”的特点。随着对蔬果品质要求的提高，风味更佳的樱桃番茄种植规模越来越大。粤西地区因为冬季阳光充足，具备昼夜温差条件，土壤以红壤为主，拥有独特的气候及种植环境，目前种植了近10万亩的樱桃番茄，年产值达50亿元。

樱桃番茄

## 番茄颜色的秘密

番茄是色彩丰富的蔬菜之一，有红色、粉色、橘黄色、绿色、紫黑色、橙红色等。番茄果实转色期之前，主要呈现为绿色，这是因为果实细胞内含有大量的叶绿素，转色过程中颜色的变换主要是因为叶绿素逐渐降解，类胡萝卜素大量合成积累。而外观颜色的存在主要是因为叶绿素与类胡萝卜素，而颜色的深浅则取决于各色素的含量及比例。紫黑色番茄中还含有微量的花青素。

盆栽紫色樱桃番茄

## 番茄的保护机制

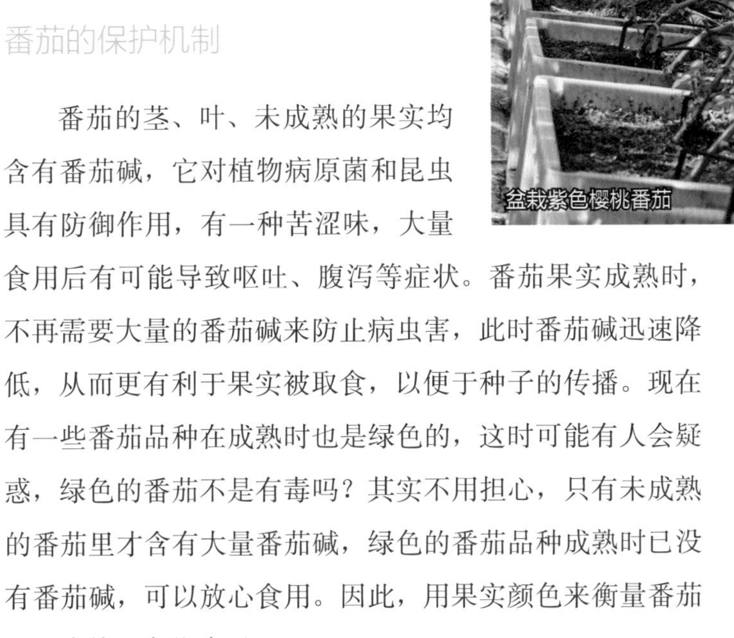

番茄的茎、叶、未成熟的果实均含有番茄碱，它对植物病原菌和昆虫具有防御作用，有一种苦涩味，大量食用后有可能导致呕吐、腹泻等症状。番茄果实成熟时，不再需要大量的番茄碱来防止病虫害，此时番茄碱迅速降低，从而更有利于果实被取食，以便于种子的传播。现在有一些番茄品种在成熟时也是绿色的，这时可能有人会疑惑，绿色的番茄不是有毒吗？其实不用担心，只有未成熟的番茄里才含有大量番茄碱，绿色的番茄品种成熟时已没有番茄碱，可以放心食用。因此，用果实颜色来衡量番茄是否成熟，有些片面。

黄色樱桃番茄

## 为什么番茄味变淡了

如今，大家常常会有“番茄越来越没有番茄味了”的抱怨。当你咬上一口番茄细细品味时，其中的糖分和酸类物质激活了舌头上的味觉受体，同时，多种挥发性香气物质飘入鼻腔，激活了嗅觉，一起构成了完整的“番茄味”。经过科学家研究，现代番茄不好吃的根源在于：与传统番茄相比，现代品种共有13种风味相关的挥发性物质含量显著降低。为什么会这样呢？在规模化种植和生产番茄时，人们更加注重选育个头大、耐储运、外观漂亮的品种，有助于番茄风味物质生成和积累的基因反而被筛掉了。另外，随着城市化进程的发展，种植基地和消费者之间的距离延长，番茄提前采收也是导致其失去番茄味的重要因素。

完全成熟的番茄

口感番茄类型

所幸的是，作为更古老番茄品系的樱桃番茄仍然保持着比较香甜的风味，蔬菜育种家也已经意识到大番茄缺少香甜风味这个问题了。近年来，风味浓郁的口感番茄类型走上了寻常百姓的餐桌。

## 茄香弥漫

茄子起源于印度，我国西汉时已经栽培茄子，南北朝时期茄子成为我国长江下游地区常见的蔬菜，至唐宋时期遍及全国。茄子在全国各地有不同的名称，这些名称也在一定程度上反映了当地的人文特点。如在上海、江浙一带称茄子为“落苏”，充满诗情画意，美得令人心旌摇曳，也凸显了富庶江南深厚的文化内涵。北方多栽种圆茄子，因此有些地方称茄子为“大炮”，这倒和北方人豪爽直率的性格相互辉映。而在广东，广府人称之为“矮瓜”、客家人称之为“吊菜”，都是很平铺直叙的，你可以说广东文化底蕴稍逊一筹，但也体现了广东人简约务实的性格。

圆茄

紫长茄

从我记事起就从未见母亲吃过茄子，她认定吃了茄子会导致眼蒙。母亲是20世纪50年代出生的人，那时温饱还是个问题，人们摄取的脂肪和蛋白质少，茄子吃多了容易把肚子里为数不多的脂肪、蛋白质等营养消耗掉，可能会因为营养不良而眼蒙。现在人们往往因蛋白质、脂肪过剩而易患上高脂血症、高血压等，适当用茄子做菜是很有好处的。道理已讲，但母亲依旧我行我素，也许是已经吃不惯茄子的味道了。

吃茄子要选嫩茄子，老茄子外皮粗糙，果肉食用时有些辛辣和涩味。过老的茄子口感差，更主要的是老茄子含有微量对人体有害的龙葵素。当然，只要你不是把茄子当成饭来吃，是很难出现中毒现象的。嫩茄子可以连皮吃，不仅入口嫩滑有茄香味，更主要的是茄子皮富含维生素P，具有抗氧化、降低胆固醇和降血压等功效。

嫩绿茄

形如手指状的盐步秋茄

颜色丰富的茄子

矮瓜，嫩者肉软皮柔，种子稀少，炒煮、酱腌，其味俱美，老则子硬皮粗，肉状如棉，其味作辛，不可以食。

——《广东通志稿·物产·植物》

茄子极致的吃法来源于《红楼梦》，凤姐请刘姥姥品尝的茄鲞。只不过我们寻常人家，要做工序烦琐的茄鲞想必也不现实。其实，在家里简单的做法就是蒸茄子，只要你掌握好以下几个环节，家常蒸茄子也可以味道不凡。首先，茄子要嫩。选嫩茄子有个诀窍，手握有黏滞感或凹凸感、如有吸力的即为嫩茄子，手握发硬、无弹性的即是老茄子。其次，要选好茄子品种。青茄适合用来蒸，如久负盛名的盐步秋茄，当地人称之为“观音手指茄”，茄身碧绿通透，身形苗条，像一根根翠玉手指般清秀可人，其被美食家追捧正是由于它独有的鲜嫩清甜品质。但盐步秋茄可遇不可求。现在在市场上流行的翡翠型绿茄，不仅种植适应性强，产量高，而且翠绿鲜嫩，口感香滑。当然，嫩的紫茄、白茄、花茄等，蒸着吃也是很好的。

茄子形状多样，颜色丰富，正所谓是：粗细长短曲直皆有，茄鲞已成巅峰；紫红黑白花绿齐全，蒸茄亦可寻常。

瓜棚
豆架

在夏日的乡村，漫步乡间，房前屋后，随处可见的是瓜棚豆架。

夏季气温高，雨水多，不时还有台风袭击，这时候出产的蔬菜以各种瓜类和豆类为主。瓜类蔬菜有苦瓜、节瓜、冬瓜、丝瓜、南瓜、瓠瓜、蛇瓜等，豆类蔬菜有各种长豇豆、四季豆、刀豆和四棱豆等。那一棚棚瓜果，一架架嫩豆，是村民果腹的佳肴，也是一种乡下生活文化的传承，别有一番乡愁在心间。

## 咏丝瓜

丝瓜原产印度，宋朝时期从东南沿海地区传入我国。由于丝瓜适应性强，加之栽培技术简单，它逐步传播到全国各地，从最初的药用植物，发展成为重要的夏季蔬菜。

丝瓜分为普通丝瓜和有棱丝瓜，长江流域及其以北各省区以栽培普通丝瓜为主，广东、广西及海南则以栽培有棱丝瓜为主。普通丝瓜口感较为软嫩，水分较多，这也是被广东人称为“水瓜”的原因，削皮之后容易氧化变色。有棱丝瓜肉质紧实、口感甜润，水分较少，吃起来更加有嚼头，而且削皮之后不易变褐色，煮熟之后不会变形。

黄花褪束绿身长，百结丝包困晓霜。
虚瘦得来成一捻，刚偎人面染脂香。
——赵梅隐《咏丝瓜》

普通丝瓜（无棱丝瓜）

有棱丝瓜

普通丝瓜和有棱丝瓜果肉褐变对比

影响丝瓜果肉褐变的因素有多酚氧化酶活性和含量、酚类物质含量、维生素C含量及空气的含氧量等。多酚氧化酶在有氧条件下催化酚类物质形成褐变，而果肉中的维生素C为褐变的抑制剂，可以把生成的褐色物还原。在正常发育的植物组织中，酚类物质分布在细胞液泡内，而多酚氧化酶却分布在各种质体或细胞质内，这种区域性分布使酚类物质与多酚氧化酶不能亲密接触，而当细胞膜的结构发生变化或被破坏时，创造了它们亲密接触的条件，在氧存在时使酚类物质氧化成醌。在一条完好的丝瓜中，多酚氧化酶和酚类物质被细胞结构分开，没有接触，不会褐变。当丝瓜被刨皮切片时，细胞结构被破坏，多酚氧化酶和酚类物质有机会接触，在有氧情况下发生酶促反应，产生醌类物质，醌类物质聚合形成褐色产物，从而导致褐变发生。随着育种水平的提高，更多优质、不易变褐色的丝瓜品种被端上了我们的餐桌。

有市民抱怨说：“有时自己明明买的是丝瓜，味道应该是清甜的，但炒熟后吃起来很苦。”丝瓜为什么会变苦呢？原因有如下几点：

一是种间杂交。普通丝瓜和有棱丝瓜串粉杂交一般会产生苦味。普通丝瓜在上午开花，有棱丝瓜在傍晚开花，两者的花期不一样，正常情况下不会出现串粉杂交情况。

二是病虫害发生。瓜实蝇取食丝瓜后，会诱导丝瓜释放挥发性次生物质，该物质包含萜类化合物、酚类物质、含氮化合物、绿叶性气体和其他有机混合物，这往往会造成局部性苦味。丝瓜释放出的挥发性次生物质会反过来对瓜实蝇取食或产卵造成一定的负作用。

三是高温、干旱、光照不足等不良生长环境。连续的高温、干旱、光照不足影响植株正常营养吸收而导致丝瓜产生苦味。

丝瓜套袋

带苦味的丝瓜多含有葫芦素，如大量食用可能会出现恶心呕吐、腹痛腹泻等症状。因此，为了安全起见，一旦发现丝瓜发苦，最好将之舍弃。

陆游在《老学庵笔记》里讲道："丝瓜涤砚磨洗，余渍皆尽，而不损砚。"这是丝瓜除了当作蔬菜之外的另一种用途。现在，丝瓜络被广泛地应用于日常生活和工业生产等领域，如制作卫浴用品、鞋垫、拖鞋、发动机滤油装置、空调滤气装置等，这不仅为丝瓜开辟了新的用途，还受到环保主义者极大推崇。

丝瓜络

苦瓜成熟后的甜果瓤

## 化苦成甘济众生

苦瓜原产亚洲热带地区，元朝《析津志》中记载元大都（今北京）已经有人开始栽种苦瓜了。早期苦瓜不仅仅用于观赏，也用作水果来吃，称作“锦荔枝”“癞葡萄”。与现在吃苦瓜的部位不同，当时吃的不是嫩果，而是它成熟的果瓤。明朝初期《救荒本草》中记载“内有红瓤，味甘，采黄熟者吃瓤”，此时苦瓜仍然没有被当作蔬菜来食用。到了明朝中后期徐光启的《农政全书》，开始记载苦瓜作为蔬菜食用，并证实了当时在南方地区已经普遍栽培和食用苦瓜了。

苦瓜按商品果实特征可分为油瓜、珍珠瓜和大顶苦瓜3种类型。

油瓜类型：果实圆锥形、长圆锥形或棒形，瓜表面纵瘤明显，无刺状突起瘤。油瓜苦瓜以其耐高温、耐湿、抗病性强的特性，加之较容易种植而备受生产者欢迎。所以，市场上油瓜苦瓜占主导地位。油瓜苦瓜苦味较淡，内腔适中，适合煲汤或酿苦瓜。广东客家地区端午节除了吃粽子外，还有酿苦瓜的传统。糯米、五花肉的鲜香味和苦瓜的清苦味相辅相成，和谐地融合到一起，吃起来不腻、不柴，也不会感到苦口。

油瓜苦瓜

珍珠瓜类型：果实圆锥形、长圆锥形或棒形，瓜表面布满圆瘤，瘤状突起。珍珠苦瓜瓜味比较浓，肉也较油瓜苦瓜脆，适合清炒、凉拌或榨汁。在台湾夜市，随处可见用白色珍珠苦瓜榨汁作饮料，喝上一口，让你在炎热的夏季瞬间“透心凉”。

大顶苦瓜类型：果实短圆锥形，条瘤与圆瘤相间，无刺状突起瘤，在广东又被称为“雷公凿”，以江门杜阮和南海谭边享负盛名。大顶苦瓜不耐高温、高湿环境，栽培难度大，但又因肉厚、脆嫩、瓜味浓而深受欢迎，适合做刺身或与鱼、鸭、鹅搭配焖煮。

大顶苦瓜

不传苦味给其他食材的“君子瓜”

在众多果蔬中，苦瓜被誉为“苦味之冠”。尽管如此，苦瓜与其他食物混在一起烹煮，也不会把苦味传给别的菜。明末清初学者屈大均在《广东新语》中这样描绘苦瓜：“其味甚苦，然杂他物煮之，他物弗苦，自苦而不以苦人，有君子之德焉。”正因如此，苦瓜又被称为“君子菜”。

苦瓜不仅是蔬菜作物，也是药用植物。在中国传统医学中，其药性记载为味苦性凉，可清热解暑和明目解毒，苦瓜干是广州凉茶的原料之一，所以广东人又称苦瓜为“凉瓜”。苦瓜中提取的苦瓜皂苷具有降血糖、抗肿瘤、抗病毒及提高人体免疫力等功效。苦瓜苦则苦矣，而它的好处正好在它之苦。

歌手陈奕迅有一首《苦瓜》唱道：“真想不到当初我们也讨厌吃苦瓜，今天竟吃得出那睿智愈来愈记挂。”也许人生就如品尝苦瓜一样，只有经历过、挨过苦才能品味其中的余甘及清香。

广州南沙苦瓜栽培场景

## 炎暑佳蔬话冬瓜

剪剪黄花秋后春，霜皮露叶护长身。生来笼统君休笑，腹裹能容数百人。——郑清之《冬瓜》

蔬菜界有南瓜、有西瓜、有北瓜（笋瓜），岂能缺少冬瓜（东瓜）。冬瓜原产中国和印度，广泛种植于亚洲亚热带和热带地区。冬瓜的栽培历史在我国已有2 000多年，最早见于秦汉时期的《神农本草经》，在之后北魏的《齐民要术》中则明确并详细地记录了关于冬瓜的栽培和腌渍方法。

“腹裹能容数百人”的大冬瓜

冬瓜并非冬季应季的蔬菜，而是盛夏季节广大消费者喜欢食用的蔬菜，也是调节夏秋蔬菜淡季的主要品种之一。按果实表皮颜色和被蜡粉与否，冬瓜可分为青皮冬瓜和灰（粉）皮冬瓜。冬瓜的名字应是源于灰皮冬瓜类型，因其瓜熟之际，瓜皮上的白毛便会软化脱落，取而代之的是挂满犹如冬日才有的“白霜”，于是冬瓜便以此得名。灰皮冬瓜皮上的“白霜”是其成熟时表皮细胞分泌的蜡质，作用是防止外界微生物的侵害，也能减少瓜肉内水分的蒸发，保持新鲜度。

青皮冬瓜类型

粉皮冬瓜类型

小果型冬瓜

我国目前以栽培大中果型冬瓜为主，在超市和农贸市场需切块销售，不及时销售和食用容易发生变质和腐烂。单瓜重1～2千克的小果型冬瓜可以整瓜销售，耐储存，货架期长，且由于果型小，外形美观，成熟期缩短，能够大大提早本地产冬瓜的上市期，市场需求逐步扩大。像香芋小冬瓜，果实呈现出类似香芋的芳香气味，蒸煮后“香芋味”更加浓郁，肉质绵软细腻，适合家庭食用，亦可做冬瓜盅，是酒店及餐厅的高档菜肴。

用小冬瓜做的“冬瓜盅”

冬瓜具有利尿、生津止渴及清热去火等功效，记忆最深的就是盛夏农忙时节，我们这些小孩都要帮着父母一起在烈日下割禾、插秧，那时最渴望的就是能吃上几块冰冻西瓜。可惜，父母鲜有机会满足我们的愿望，他们说夏季吃冰冻食物容易闹肚子，晚上再给我们滚冬瓜汤消暑解渴。傍晚忙完农活，我跑到菜市场，从大冬瓜上切上一片带回家，和猪肉一起用来滚汤，吸收了肉香味之后的冬瓜变得清香可口，令人口舌生津，一天的劳累和烦闷似乎也减轻了不少。

由于冬瓜的种植面积和产量都很大，在收获旺季，往往大量过剩，导致价格低廉，严重影响了菜农的收益。因此，冬瓜除鲜食外，还可加工成冬瓜干、冬瓜糖果、冬瓜汁、冬瓜馅料、冬瓜蜜饯、脱水冬瓜等高附加值产品，实现一二三产业融合发展。

冬瓜糖

身披茸毛的节瓜

## 一节生一瓜

节瓜成熟时披糙茸毛，又被称为“毛瓜”，是葫芦科冬瓜属蔬菜，属冬瓜的一个变种，起源于中国南部和东印度，广东、广西和海南等岭南地区广泛栽培，已发展成为我国南菜北运和供应港澳地区的特色蔬菜之一。明末清初时的广东学者屈大均所著《广东新语》记载：“节瓜蔓地易生，一节一瓜，得水气最多，能解暑热。”时人认为节瓜水分多，生津止渴，解暑湿，而且和冬瓜相比，没有那么寒凉，但是又能降火，被称为“正气之瓜”，正适合岭南湿热的夏季时节食用。

节瓜根据果肉颜色的不同可分为白肉节瓜和绿肉节瓜，早期以白肉节瓜品种的选育较多。白肉节瓜瓜肉紧实，口感粉糯，深受消费者喜爱。绿肉节瓜是一种较为新型的节瓜，属于翡翠型节瓜，俗称“水果节瓜”，其果肉嫩绿色，果实心腔小，果肉脆甜，耐储运，嫩瓜、老瓜均可上市，既可以当水果生食，又可以当蔬菜食用。

现在很多城市人向往田园生活，利用天台、庭院或阳台种植瓜果蔬菜，节瓜是很理想的一个选择，因为其开花和结果速度快，成熟期早，瓜形大小适中，家庭食用很方便。节瓜是异花授粉植物，但在家庭种植时，蜜蜂往往比较少，授粉不良，极易化瓜或产生畸形瓜，这时就需要辅助人工授粉。授粉前我们要先分辨出雄花和雌花，然后选当天开放的、肥硕的雄花，去掉花冠，将花粉轻轻抹在雌花柱头上。

绿肉节瓜

节瓜雄花

节瓜雌花

高产的节瓜

节瓜在谢花后7～10天、果重250～500克时，应及时采收，新鲜食用。美食节目《寻味顺德》介绍:“新鲜采摘的节瓜几乎可以和任何食材搭配，与海鲜一起焖制熬汤，美味至极；白灼节瓜这种极简做法，亦可内外爽脆，沙软清甜。”

“一切食材在节瓜面前，都只能成为配角”，这句话或许有些夸张，但节瓜特有的清甜沙绵仍是我们期盼夏季到来的理由之一。

## 万圣节，南瓜美

每当万圣节来临之时，既好看又可爱的南瓜就走进了千家万户，成为丰收的象征和万圣节的典型装饰。这些可爱的南瓜怎么和我们平时见的南瓜不太一样呢？是从哪里来的呢？

南瓜起源于中南美洲，自16世纪传入中国之后，在明朝就基本上完成了在大部分省份的引种，清朝以来南瓜种植在各省范围内全面普及，并迅速融入中国农业系统之中。南瓜有多种别称，如番瓜、倭瓜、北瓜、笋瓜等。南瓜产量大，容易栽种，营养丰富，在饥荒年代，可以用来代替粮食，所以又称为“饭瓜”。

南瓜荟萃

南瓜是南瓜属几种植物果实的统称，目前有5个栽培种，分别是中国南瓜、美洲南瓜、印度南瓜、灰籽南瓜和黑籽南瓜。但不像它们名字所暗示的那样，中国南瓜不起源于中国，印度南瓜也不是起源于印度，而是都和美洲南瓜一样起源于美洲。

中国南瓜、美洲南瓜和印度南瓜种类繁多，长相相似，味道和口感也类似，极易混淆。分辨它们的关键点在于瓜柄。长着膨大五棱果柄、脐内凹的是中国南瓜，蜜本南瓜、香芋南瓜属这一类型。

果柄有明显五棱、脐外鼓的是美洲南瓜，也是我们常说的西葫芦。目前常见的观赏南瓜品种，绝大多数是美洲南瓜，如飞碟南瓜、搅瓜。市场上所说的“云南小瓜”也是西葫芦，并不是什么新物种。

既没有膨大的柄座也没有明显五条棱的是印度南瓜，也是我们常说的笋瓜，或者叫北瓜，较流行的贝贝南瓜、板栗南瓜等都是其栽培种。现在流行的贵族南瓜，又叫丑南瓜，吃起来具有板栗般的口感，色如蛋黄，沙糯回甘，入口即化。

中国南瓜类型

美洲南瓜类型——飞碟南瓜

美洲南瓜类型——西葫芦

印度南瓜类型

黑籽南瓜类型

黑籽南瓜外观呈浅绿色花纹，抗病性和抗逆性好，在生产上主要用作嫁接砧木。黑籽南瓜蒸熟后也会自带散成一缕一缕的瓜丝，不过和搅瓜黄色瓜肉不同的是，其瓜肉是白色的，爽口但味道淡，需要蘸配料食用。至于灰籽南瓜，也被称为墨西哥南瓜，在国内就很少见了。

南瓜的花一般会在凌晨开放，所以4:00—6:00是进行授粉的最佳时间。7:00后，雄花花粉就已经很少了。要想南瓜结得多、结得好，那你可不能睡懒觉了。

在吃法上，西葫芦多采摘嫩果食用，水分多，质地脆嫩是其一大特点。印度南瓜的瓜肉水分含量低，是众多“南瓜”中最甜的种类，耐储存，适宜蒸煮。中国南瓜嫩果和老果均可食用，嫩南瓜水分足，口感脆嫩，更适于炒食；老南瓜的碳水化合物含量远高于嫩南瓜，吃起来又粉又甜。清朝高士奇的《北墅抱瓮录》中记载：“南瓜愈老愈佳，宜用子瞻煮黄州猪肉之法，少水缓火，蒸令极熟，味甘腻，且极香。”由此可见，当时的人们已经把品质上佳的老南瓜当作珍贵之物。

南瓜嫩茎叶也可食用，包世臣的《齐民四术》指出南瓜“以叶作菹，去筋净乃妙”，不过其南瓜嫩茎叶是腌制的。广东、广西地区更喜食用新鲜南瓜嫩茎叶，其中香芋南瓜品种的嫩茎叶品质上佳，有天然的香芋味。采摘南瓜嫩茎叶后去掉梗上的筋皮，掐成小段，洗干净清炒，入口脆爽，鲜嫩多汁，更带有难以名状的夏日味道。南瓜生长旺盛，会不断生长出子蔓、孙蔓，如果任其生长，不但不会增加产量，反而会造成植株对养分的过度消耗。因此，及时摘除多余的枝蔓，食用嫩茎叶也是物尽其用的方法。

产量极高的南瓜

可食用的南瓜嫩茎叶和南瓜花

## 齿如瓠犀

瓠犀，瓠中之子，方正洁白，而比次整齐也。
——朱熹《诗集传》

“齿如瓠犀”出自《诗经·卫风·硕人》，是我国古代牙齿审美艺术的点睛之语。瓠犀即瓠瓜的种子，瓠瓜为可供食用葫芦的变种，将瓠瓜纵向切开观察剖面，瓜瓤中央顶部呈穹窿状，瓜子以空间轴为中心沿穹窿呈对称的弧形排列，恰似人的牙弓形状。瓠犀多用以比喻美人整齐洁白的牙齿，如清朝蒲松龄的《聊斋志异·嫦娥》中记载：“樱唇半启，瓠犀微露。”

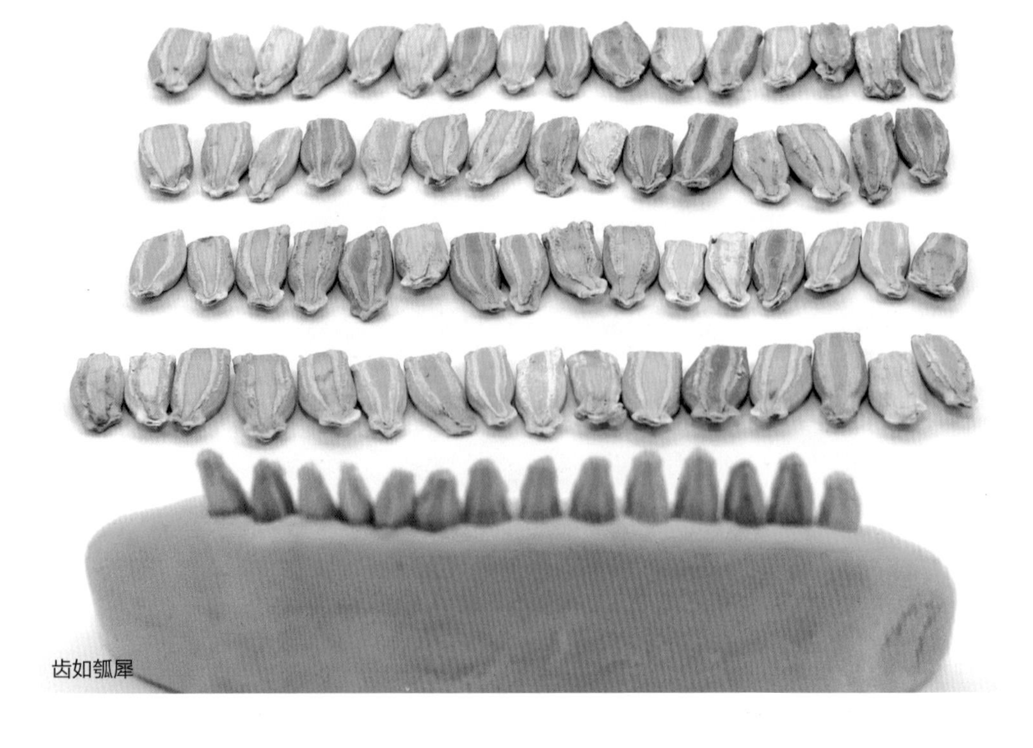

齿如瓠犀

先秦时期的《诗经》已经出现了葫芦的3个变种——“瓠”“匏”“壶”，其中可以食用的是“瓠”，这表明葫芦在中国的栽培历史悠久。现代农艺学家把我国的葫芦分为5个类型：果实呈圆柱形或圆形的瓠瓜，也被称为“蒲瓜”，嫩果蔬用，果肉白色，柔嫩多汁；果柄细长的长颈葫芦、果实呈扁圆形的大葫芦及果形两头大中间纤细的细腰葫芦，也是嫩果蔬用，老果器用；一般不作蔬食的观赏葫芦，有小葫芦、鹤首葫芦、天鹅葫芦等。

小葫芦

因为瓠瓜的花朵纯白轻柔，多在夜间或者是傍晚开花，所以它还有个美丽的名字——夜开花。在传粉昆虫或阳光不足的地方栽培瓠瓜时，需辅助人工授粉，但要掌握好授粉时间，如果白天跑去授粉，那你可能就要失望了。

南北朝陶弘景曰："瓠或有苦者，味如胆，不可食，非别生一种也。"偶有苦味的瓠瓜，极大降低了瓠瓜的品质和风味。导致苦味发生的主要是一类称为葫芦素的物质，这类物质受热后不易分解，可引起中毒现象。瓠瓜产生苦味的原因很复杂，主要与品种遗传和栽培环境有关。如果是品种因素造成的苦味，则要避免不同基因型的品种天然杂交，繁种时要有良好的隔离条件。用杂交方法选育新品种，必须在后代完全稳定之后才可试种。干旱、极端低温和高温、化肥施用不当、病虫害等也会导致葫芦素在植株体内积累，产生生理变苦。如尝到苦味的瓠瓜，最好的建议是扔掉。

白色的瓠瓜花

元朝《王祯农书》中说："匏之为用甚广，大者可煮作素羹，可和肉煮作荤羹，可蜜煎作果，可削条作干。"又说："瓠之为物也，累然而生，食之无穷，烹饪咸宜，最为佳蔬。"可见古人早已把葫芦作为美食，既可烧汤，又可做菜，既能腌制，也能晾干，吃法多种多样。

常被用于瓜果长廊的圆形瓠瓜

外形极似蛇的蛇瓜

## 蛇瓜和蛇大概是亲戚吧?

我记得小时候在家乡的老屋角落，夏季总会种有几株被称为“蛇瓜”的蔬菜，瓜皮青绿色，偶有浅绿白色条纹，极粗生，满株瓜果，经常摘嫩瓜来滚汤或者清炒。不过当它们成熟变红时会有苦味，此时已经不适宜食用了。

后来可能是市场上蔬菜品种丰富了，选择更多了，或是见过蛇瓜的人都会被它的样子吓到，而且蛇瓜的茎叶、果实还有很浓重的蛇腥味，所以很少再见到它的踪迹也就情有可原了，只有在一些农业观光园区有零星种植。

蛇瓜为葫芦科栝楼属蔬菜，起源于印度、马来西亚等亚洲热带地区，按果实长度可分为长果类型和短果类型，瓜体有的垂直，有的弓身，有的弯曲，有的卷尾，酷似一条条长蛇在棚架下展姿。在嫩瓜期，瓜体表面有白色、绿色相间的条纹似白花蛇，老熟后的瓜体表面又呈现红色、绿色相间的条纹似红花蛇，体态各异，栩栩如生，稀奇而美观。举目望去，一条条蛇状长瓜从棚架上垂落下来，极具南国风情，具有较高的观赏价值，是发展观光农业难得的好品种。

长果型蛇瓜

短果型蛇瓜

蛇瓜的嫩果和嫩茎叶可炒食、做汤，别具风味。嫩瓜含丰富的碳水化合物、维生素和矿物质，肉质松软，有一种轻微的臭味，但是煮熟以后却有清香味，味道也是甘甜的。蛇瓜性凉，具有利水、清热、消肿等功效。没有尝过的人会觉得它有一股蛇腥味，不敢购买，但一经品尝后就会被它特有的清香味道所吸引。

在栝楼属中，还有一种和蛇瓜极相近的蔬菜——瓜叶栝楼。蛇瓜雄花总状花序具苞片，具退化雌蕊，果实狭长圆形，扭曲，长可达2米。瓜叶栝楼果实两头尖，中段粗，瓜长20～30厘米，远看如一只老鼠，所以又被称为“老鼠瓜”。瓜叶栝楼又因果实从幼果到老熟的成长过程中，果皮颜色会不断发生变化，绿色→灰绿色→橙红色→红色，故被称为变色瓜或彩瓜。老熟后的红色瓜能较长时间不落，像一个个玛瑙挂在上面，颇为美观。

成熟后会变红的瓜叶栝楼

## 需要抚慰的四季豆

食荚菜豆——四季豆

四季豆是菜豆的别称，属豆科菜豆属蔬菜，是餐桌上的常见蔬菜之一，无论是单独清炒，还是和肉同炖，抑或是焯熟凉拌，都很符合人们的口味。

然而，似乎每年都能听到有人因为食用四季豆而中毒的新闻，主要表现为胃肠炎症状，恶心、呕吐、腹泻、腹痛等，究其原因，无一例外都是四季豆没煮熟透，导致不明真相的群众误认为其是有毒蔬菜，造成四季豆严重滞销。

四季豆种植基地

四季豆产品

食用四季豆而中毒主要是由于两种物质——皂苷和植物血细胞凝集素。皂苷可以强烈刺激人体的消化道黏膜，从而导致消化道局部充血、肿胀，又因其有溶血的特性，会破坏血红细胞的渗透性，从而发生溶血症状。除了皂苷，植物血细胞凝集素具有凝血作用，它可以结合到动物细胞表面，但缺乏进入细胞的能力，因此，它们通常只会对胃肠道造成刺激和引起炎症。这也是四季豆免受动物、真菌等侵扰的自我保护机制。

幸好我们有对付它们的办法。皂苷易溶于水，植物血细胞凝集素在高温加热下会被分解、破坏。利用它们的这两个特点，我们在烹调四季豆前一定要先焯水，煮透，然后再沥干水分。皂苷溶于水被丢弃了，植物血细胞凝集素被高温破坏掉了，经过温暖抚慰的四季豆也就失去了锋利的“棱角”，回赠给我们无穷的美味。

除了四季豆之外，豆类蔬菜还有很多种类，常常让人分不清。现在就让我们认识一下常见的豆类蔬菜。

豇豆
扁豆
四棱豆
刀豆

## 孟德尔和他的豌豆

遗传学三大基本定律分别是基因分离定律、基因自由组合定律、基因的连锁和交换定律，其中前两个是孟德尔通过长达8年的豌豆杂交试验发现的。因此，孟德尔也被誉为现代遗传学之父。

孟德尔用豌豆试验改变了世界，那他为什么选择豌豆而不是其他植物呢？原来，豌豆是严格的闭花自花授粉植物，在花开之前即完成授粉过程，避免了外来花粉的干扰，所获试验结果可靠；豌豆具有一些稳定的、容易区分的性状，并且能够稳定地遗传给后代，使试验结果利于观察、分析；豌豆花的花期较短，这样便于尽快获得种子，从而节省试验时间。

豌豆除了为遗传学作出重大贡献外，它也征服了我们的餐桌。豌豆起源于亚洲中部、地中海沿岸、埃塞俄比亚，汉朝时传入我国，在我国已有2 000多年的栽培历史，是继大豆之后世界上第二大食用豆类。四季豆、豇豆、四棱豆、刀豆等豆类蔬菜喜温暖气候，较耐热，而豌豆却非要走不同路线，喜冷凉气候，在广东一般在秋冬季节种植。

奠定了遗传学两大定律的豌豆

根据用途，豌豆可分为粮用豌豆、菜用豌豆和软荚豌豆。粮用豌豆以干籽粒为食，在北方地区栽培较多；菜用豌豆由粮用品种演化而来，以嫩豆粒及嫩梢为食，也通常被称为青豆或麦豆，粮用豌豆和菜用豌豆都是属于硬荚型的；软荚豌豆是在菜用品种的基础上选育而成的，以嫩荚及嫩梢为食，又进一步分为荷兰豆和甜脆豌豆，扁荚、肉质层薄的称作荷兰豆，豆荚短棍棒状或手指状且肉质层厚的称作甜脆豌豆。20世纪80年代，广州从美国引进了食用豌豆苗专用品种——手牌豆苗，吃起来清香滑嫩，味道鲜美独特，备受消费者的青睐。现在，我国已自主选育了豌豆苗专用品种。

菜用豌豆

在人类食用豌豆的历史中，大多数时候都是吃完全成熟的干豌豆，也就是粮用豌豆。我国元朝著名剧作家关汉卿说自己是“蒸不烂、煮不熟、捶不匾、炒不爆、响珰珰一粒铜豌豆”，从侧面反映了当时食用的是干豌豆，是很硬的。青豆、荷兰豆、甜豌豆和豌豆苗等则是最近几百年才流行起来的。荷兰豆在清朝中期之前并无记载，直至乾隆年间，荷兰豆一名才开始出现于清朝人的笔记中。1772年，朱景英的《海东札记》提道：“荷兰豆如豌豆，角粒脆嫩，色绿味香。”

软荚豌豆——荷兰豆

软荚豌豆——甜脆豌豆

豌豆苗

有意思的是，在英语中，荷兰豆被称为“Chinese snow pea”。为什么中国人叫它荷兰豆，外国人叫它中国（雪）豆？各种说法都有，比较合理的解释是：软荚豌豆在东南亚一带很早就有种植，后来被欧洲船队带回欧洲种植。那时欧洲的绝大多数人，只听说东方有印度和中国，没有叫印度豆，就叫中国豆了。当时的海上霸主荷兰人又把软荚豌豆带到了台湾、福建和广东，当地人于是就叫它“荷兰豆”，其后便把“荷兰豆”的称呼保留了下来。

每次去北京，我总要品尝一道老北京名小吃——豌豆黄。炎热的夏季来上一口豌豆黄，清凉到心里，细腻香甜，入口即化，还夹着豌豆特有的豆香，时刻挑逗着你的味蕾，吃过一次就再也忘不掉！

软荚豌豆种植场景

清秀
根茎

这里所讲的根茎类蔬菜，是以地下根和地下茎为食用器官的蔬菜作物，包括萝卜、胡萝卜、莲藕、马铃薯、姜、葱、蒜、洋葱等。根茎菜类为深根性植物，适宜在土层深厚、肥沃疏松、排水良好的土壤里栽培，平时不显山露水，但它们都是藏在地下的精灵，为我们的餐桌增添了别样的精彩。

## 出淤泥而不染

荷花是莲的俗称，分布于中国大江南北的荷花，尽管在植株大小、花形花色上差别很大，但在植物分类学中均为同一个种，即莲。《莲》记载:“莲花，亦曰荷花。种于暮春，开于盛夏。其叶，大者如盘，小者如钱。茎横泥中，其名曰藕。其实曰莲子。藕与莲子，皆可食也。”

荷叶效应

北宋周敦颐的《爱莲说》赞美荷花“出淤泥而不染”，这一现象源于荷叶所具有的独特的“荷叶效应”：水滴能在荷叶表面自由地滚落，同时带走其表面的灰尘和杂质。通过对荷叶表面结构的观察和分析发现，荷叶表面的微米级和纳米级结构是导致超疏水性及自清洁效应的关键。通过利用荷叶效应，人们可以模仿制备出超疏水表面材料，并广泛应用于建筑、纺织物、涂料等领域。除了荷花出淤泥而不染之外，长期生长在淤泥中的莲藕也是如此，用水冲干净后，就露出其白白净净的本色，难怪莲与佛教文化结下了不解之缘。

中通外直，不蔓不枝，
香远益清，亭亭净植。
——北宋·周敦颐《爱莲说》

有人会有疑惑："莲藕长在水中，它不需要氧气吗？"作为一种只能生长在水中的挺水植物，莲的每个器官都具有中空结构，除了我们都见过的藕，其他部位如藕带、藕鞭、叶柄，甚至莲蓬也都是中空结构。莲藕、藕带和叶柄里的中空结构可以帮助莲在水中和淤泥里进行呼吸作用。莲藕内部管状的孔洞，能够在一定程度上减轻莲藕的总重量，从而避免莲藕在淤泥中因为太重而陷得太深，甚至把水面上的叶子也拉拽下来，使叶子来不及长大就被"淹死"了。而莲蓬的海绵状结构储存了大量空气，使得莲蓬在掉落后能够长时间漂浮在水面上，有助于莲把种子传播到较远的地方去。这都是长期自然选择进化的结果。

莲依其用途分为菜用和观赏用。菜用的又按其食用部位分为子莲和藕莲。子莲花多、莲蓬多，结籽也多，产品为莲子，在武汉街头常见有新鲜莲蓬售卖，清甜又有嫩花生一样的脆感。藕莲花较少，结籽也少，下部的藕则较大。藕莲在第一片出水的叶片干枯后则可以开始采收，这些藕为脆藕，因为在春夏生长之时，莲藕处于活跃状态，糖类以蔗糖和果糖的形式存在，且含水量高，所以吃起来有脆甜的感觉。到了秋季，藕节开始储存过冬的营养，体内的淀粉含量急剧上升，这时的莲藕则沙粉软糯。

莲藕一项，品质最佳。嫩者脆美甜香，老者含粉甚多。

——《桓台县志》

“秋采莲实冬挖藕，荷塘诗意绕时令。”回眸荷塘的一年四季，无论是“小荷才露尖尖角”的春季，“映日荷花别样红”的盛夏，还是“荷尽已无擎雨盖”的秋末初冬，荷塘总是充满诗情画意。但挖藕却是个艰辛的体力活。挖藕人将高压水枪系在腰间，加上一身行头，通常负重五六十千克。进入水中后，水柱一阵猛冲，淤泥被冲开，然后挖藕人探下身，佝偻着腰，脸几乎贴到水面上，将十指伸入淤泥，一节莲藕便被拽出。挖藕也是个技术活，讲究不能把藕挖断，藕要是断了破皮会容易灌进泥，既影响卖相，吃起来也有一股泥腥味，还影响保鲜。由于藕身脆弱，所以现在人工挖藕一直未能被机器取代。我们有时候会抱怨莲藕太贵了，但如果你亲自体验一下挖藕，也许就理解了。

最后强调一下，荷花和莲花是对同一物种的两种叫法，莲花并不是睡莲的别称。莲是莲科莲属植物，睡莲是睡莲科睡莲属植物。睡莲就是睡莲，不要再叫作莲花了。

睡莲

樱桃萝卜

## 萝卜与胡萝卜

萝卜为十字花科萝卜属植物，是我国较早栽培的蔬菜之一，《诗经·邶风·谷风》中的“采葑采菲，无以下体”，其中的“葑”，是芜菁；“菲”，学术上认为就是萝卜。成书于汉初的《尔雅》，至少有三处提到萝卜。北魏《齐民要术》载“种菘萝卜法”和“菘根萝卜菹法”，已经出现了成熟的萝卜栽培技术和腌制技术。

中国萝卜

元朝《王祯农书》载：“北人萝卜，一种四名：春曰破地锥，夏曰夏生，秋曰萝卜，冬曰土酥。”这都是萝卜的别名。据统计，萝卜在全国各地有50余个别名，可谓是蔬菜界中名字较多的品类了。中国栽培的萝卜有长羽裂萝卜（中国萝卜）和四季萝卜（樱桃萝卜）2个变种。樱桃萝卜肉色多为红色，中国萝卜肉色多为白色，也有红色、绿色、紫色等。在广东，苗条修长、清甜可口的耙齿萝卜是老广们的最爱；在北京，青皮红肉的心里美萝卜，其地位和当季水果不相上下；在山东，更有“烟台苹果莱阳梨，不如潍县萝卜皮”之说，潍坊的青皮萝卜名动四方。

萝卜食法多样，李时珍说，萝卜“可生可熟，可菹可酱，可豉可醋，可糖可腊可饭，乃蔬菜中之最有益者”。除了肉质根可食之外，幼嫩的萝卜苗也是餐桌上的常客。收获完萝卜后余下的萝卜叶，也被称为“萝卜缨”，更是可以用来腌制咸菜或酸菜，清爽而开胃。

“秋天萝卜收，大夫袖了手”“萝卜上市，郎中下市”“冬吃萝卜夏吃姜，不劳医生开药方”等民间谚语，都反映了萝卜具有极高的药用价值。元朝诗人许有壬诗云：“老病消凝滞，奇功真品题。”盛赞萝卜是肴中佳品、消滞良药。《本草纲目》也认为萝卜具有大下气、消谷和中、去邪热气等功效。但萝卜毕竟是蔬菜，不能当药来食用，适量摄取才有益于预防疾病和保障健康。

虽然胡萝卜名字中有“萝卜”两字，但它其实和萝卜的关系疏远，萝卜属十字花科，胡萝卜属伞形花科，胡萝卜和芹菜、茴香等植物的亲缘关系更加接近。

伞形花科的胡萝卜

萝卜花

胡萝卜中的“胡”字，已经说明了它舶来品的身份，但它是何时传入我国的呢？明朝李时珍《本草纲目》中说道：“元时始自胡地来，气味微似萝卜，故名。”但据聂凤乔考究，1159年成书的《绍兴校定经史证类备急本草》（简称《绍兴本草》）最早记载了胡萝卜。《绍兴本草》为南宋的官方药书，胡萝卜作为新增的六味药中的其中一味出现在书中。

最早被驯化和食用的胡萝卜一般是黄色或紫色的，到了17世纪，荷兰的育种学家在进行胡萝卜品种改良时，发现有的黄色系胡萝卜由于基因突变外观偏向橙色，于是立刻决定把这些胡萝卜列为“重点培养对象”——毕竟荷兰皇家的标志颜色是橙色，荷兰足球队也被誉为“橙色军团”。当时荷兰的园艺技术在世界上处于领先地位，他们培育出来的橙色胡萝卜品种质量佳、产量高、口感好。所以橙色的胡萝卜一直流行至今，也深深地印在人们的脑海里。近年来，水果型胡萝卜在我国悄然兴起，其口感甜脆、营养丰富、甜度适中，适宜生食，易于切断打磨加工，受到众多消费者的追捧。

然而，胡萝卜中有一些特殊气味是个别人接受不了的，这种气味源于一类特殊的化合物——聚乙炔醇或者聚炔烃，人类食用是无害的，但是如果皮肤与其频繁接触会引发皮疹和过敏。这类化合物能使胡萝卜免受真菌和害虫侵染。

如今，中国是全球胡萝卜种植面积最大的国家，种植面积占全球1/3以上，全年种植面积约600万亩，但80%～90%种植的是国外杂交品种。因此，如何解决胡萝卜种子"卡脖子"问题，是蔬菜育种家亟须研究的方向。

胡萝卜种植基地

## 土豆作主粮，营养又益肠

马铃薯原产南美洲，17世纪中后期引入中国，是亦粮亦菜作物，在全国各地有很多别名。东北称之为土豆，是现在比较通用的叫法；河北称之为山药蛋，华北称之为山药豆，云贵地区称之为洋芋，山东称之为地蛋，江浙一带称之为洋番芋或洋山芋，广东称之为薯仔，粤东一带称之为荷兰薯，闽东地区则称之为番仔薯……以至于植物学老师常把马铃薯当作同物异名的典型案例来讲解。

马铃薯于16世纪末传到欧洲时，并不受人待见，但在多山、多沼泽，不适合种其他粮食作物的爱尔兰却找到了生长的乐土，并逐步发展成爱尔兰的主要作物。然而到了1845年，由致病疫霉菌引发的马铃薯晚疫病在爱尔兰大流行，造成了马铃薯减产，导致数百万人因饥饿而死亡。为什么会出现这种情况呢？对单一农作物的过度依赖、马铃薯种植品种少、遗传背景窄是造成晚疫病流行的关键原因。这也再次验证了生物多样性对地球自然生态平衡的重要性。现在各国也吸取了深刻教训，陆续建起了马铃薯种质资源库，并采用植物组织培养脱毒技术获得优质的马铃薯种薯。

观赏价值高的马铃薯花

广东、广西冬种马铃薯

马铃薯粉糯香甜的口感很受大众欢迎，但它也有黑暗的一面。人们只吃它的块茎是有原因的，因为在其叶子、地上茎和未成熟的果实里都含有浓度较高的糖苷类生物碱，能够防止植物被害虫或者病原微生物侵害。如果我们大量误食，会出现呕吐、腹泻、呼吸困难，甚至抽搐等症状。在块茎里，糖苷类生物碱主要存在于块茎皮下。正常马铃薯的糖苷类生物碱含量是很低的，食用起来非常安全。但发绿和发芽的马铃薯，其糖苷类生物碱含量均比较高，在烹饪过程中也不会被破坏。所以，遇到绿色的或发芽的马铃薯，扔掉是最好的做法。

张家口马铃薯收获场景

在我国，90%以上的马铃薯作为蔬菜鲜食，很少作为主食食用。2016年，为响应农业农村部的号召，我有幸参与了马铃薯主粮化战略在华南地区的推广工作，致力于让马铃薯继水稻、小麦、玉米之后，成为我国的第四大主粮。为什么马铃薯能成为第四大主粮呢？受耕地面积、水资源、气候等因素变化影响，水稻、小麦、玉米等传统粮食作物继续增产的空间小，而马铃薯耐寒、耐旱、耐瘠薄，适应性广，可在不适合传统粮食作物种植的地方或南方冬闲田种植，且省水、省肥、省药、省力，具备良好的推广种植特性，增产潜力大。同时，与小麦、玉米、水稻相比，马铃薯全粉储存时间更长，在常温下可储存15年以上。马铃薯的营养更加全面，除含有淀粉、蛋白质、膳食纤维、维生素及多种矿物质外，还含有赖氨酸、胡萝卜素和抗坏血酸，被称为“十全十美食物”。

“土豆作主粮，营养又益肠”，这不仅是一句口号，更是保障国家粮食安全的重要基石！

马铃薯食品

## 姜葱蒜主导的调味江湖

新芽肌理腻，映日净如空。
恰似匀妆指，柔尖带浅红。
——刘子翚《屏山集卷十五》

姜葱蒜在中国人的厨房里占据着重要的地位，被誉为“厨房三宝”。姜葱蒜并非主食，却几乎在每一道菜里都有亮相的机会，它们就这样以一种低调又不可或缺的姿态，出现在我们的厨房里。

从古至今，姜一直是中国菜肴的核心调料，甚至有“菜中之祖”的名号，春秋时期即已开始成为餐桌上的常客，孔子的《论语·乡党》中记载：“不撤姜食，不多食。”可见其栽培历史悠久。

生姜

刚收获的葱苗

生姜中的化学物质是姜辣素，是姜酚、姜酮、姜烯酚这一类化学物质的统称，它们的共同特点就是辣，以及让姜具有那种独特的香味。因为姜辣素非常稳定，沸点高达240℃，所以无论怎么煮，姜都是辣的。俗话说“姜还是老的辣”，这是有科学道理的。种姜种在土壤后，会为姜苗提供养分，促进其生长，而姜苗通过光合作用产生的营养物质又会输给种姜。种姜生长时间长，被称为“老姜”，皮厚肉坚，积累的养分多，姜辣素含量更高，辛辣味更浓。新姜，又称子姜，是老姜的芽姜，生长期短，皮薄肉嫩，辣味淡薄。宋朝刘子翚《屏山集卷十五》把新姜比作色泽细匀、微透淡红、一尘不染的女子手指，美妙得很。

在广东和广西，还有一种可以和姜媲美，甚至能够代替它的调味品——沙姜，属姜科山柰属植物，有种类似樟脑味的提神香气，常用于沙姜猪手、沙姜鸡等各种美食中。

葱自古以来就是饭桌上常用的调味佐料，《礼记》中写道：“脍炙处外，醯酱处内，葱渫处末，酒浆处右。”葱因能调和百味，故又有“和事草”的雅号。中国人也将这种诗意，化为南北吃葱不同的饮食流派。在南方，葱是婉约派，主要食用细香葱、胡葱，青翠纤细，犹如《孔雀东南飞》里描述的“指如削葱根”，化为葱花、葱丝作点缀之用；在北方，葱是豪放派，比人还高、直挺粗壮、甘甜脆嫩的大葱实在是令人叹为观止，一口大葱一口馒头，干脆简单，豪迈无比。

除了葱叶，葱白也是主要的食用部位。我们通常会把葱白当作葱的茎，其实不然，葱的茎只是葱头部那块比较硬的部分。至于葱白，其实就是葱叶的一部分，叫作叶鞘，在中药中被广泛使用。

葱含有多种生物活性物质，主要包括含硫化合物、甾体皂苷、黄酮类化合物、含氮化合物等，其中以S-烃基半胱氨酸亚砜（CSOs）为主的一类有机硫化物对其风味贡献最大，这种物质是无色无味的。所以，如果我们不掰开或者切开葱，就感受不到那种特有的辛辣味。但一旦葱的组织受到损伤，CSOs就会在酶的作用下，分解成一组复杂的化合物，比如正丙硫醇（肉味）、二甲基二硫醚、二甲基三硫醚（青草味、辛辣味）等，葱的辛辣味因此显现。这本是葱防御食草动物和微生物的武器，但却被人类所利用。葱在加热15分钟后，二甲基三硫醚等辛辣风味物质会迅速分解，而醛类和醇类物质不断增加，这时候葱香味、肉香味和清香味会交织突显出来，构成人间美味。

正在晾干的葱头

西晋张华所著的《博物志》记载：“张骞使西域还，得大蒜、番石榴、胡桃、胡葱、苜蓿、胡荽。”北魏贾思勰的《齐民要术·种蒜篇》中记载：“张骞周流绝域，始得大蒜、葡萄、苜蓿。”由此可见，大蒜是在西汉年间被引入的外来物种，因为来自西域，又被称为“胡蒜”。东汉许慎在《说文解字》中记载：“蒜，菜之美者，云梦之荤菜。”说明大蒜自西汉传入我国后，迅速征服了我们的厨房。

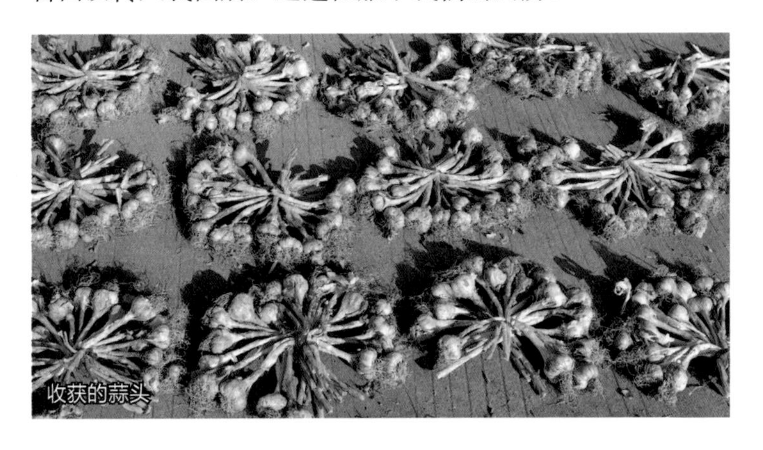
收获的蒜头

大蒜别具一格的辛辣滋味，在给膻味肉类或腥味海鲜掩味乃至提鲜方面表现出众。依据食材处理方式不同，大蒜表现出不同的味道：若想用到大蒜辛辣刺激的风味，将新鲜大蒜碾泥、压碎，会辣得人心头灼烧。这是因为当大蒜细胞结构受到破坏时，细胞中原本被膜分隔开的蒜氨酸酶与蒜氨酸混合发生反应后，会生成带有刺激性气味的大蒜素，蒜的辣味和臭味便由此产生。若是火上慢烤、爆炒或是汤中炖煮，大蒜会滋发出果实的甜味。这是由于大蒜素本身的性质不是十分稳定，经过高温加热之后会进一步分解，本身的刺激性气味会减少很多。同时，大蒜储存了大量的营养，烤熟或煮熟的大蒜有特有的甜味和软糯滋味，得益于其中的果糖和淀粉。

## 催人泪下的洋葱

在我们切洋葱的时候，总会不由自主地流眼泪。为什么洋葱会催人泪下呢？原来，洋葱体内含有蒜氨酸酶和丙烯基半胱氨酸亚砜这两种物质。丙烯基半胱氨酸亚砜存在于细胞质中，而蒜氨酸酶则存在于液泡中，它们平时互不打扰，和平共处。当受到微生物、动物侵扰或细胞组织受到破坏时，丙烯基半胱氨酸亚砜和蒜氨酸酶就会暴露并相互接触，发生反应产生丙烯基次磺酸，丙烯基次磺酸会进一步发生重排，生成硫代丙醛亚砜，而硫代丙醛亚砜就是导致人眼睛流眼泪的主要成分，也被称为催泪因子。由于

欧洲市场上颜色各异的洋葱

硫代丙醛亚砜具有挥发性，它可以刺激人眼部角膜的神经末梢，人体则通过神经系统命令泪腺分泌泪液，把刺激物质冲走，这就是使得人们情不自禁流泪的原因。

那切洋葱时如何避免泪流满面呢？硫代丙醛亚砜是一种易溶于水的物质，所以在切洋葱的时候把它放进水里泡一下或者在刀上蘸些水，效果也是可以的。另外，蒜氨酸酶的参与是产生刺激性气体的必要因素，所以，要想减少刺激性气体的产生，必须尽量降低蒜氨酸酶的活性。温度对酶催化反应速度的影响很大，温度越低，反应速度越慢；温度升高，反应速度加快；但温度过高也会导致酶变性失活。所以在切洋葱之前，先把它放冰箱冷藏几个小时，可以降低蒜氨酸酶的活性。炒洋葱的时候不会催泪，是因为蒜氨酸酶在高温下逐渐变性失活。当然你也可以用戴上护目镜、鼻子塞纸巾等方式来防止流泪，虽然不太雅观，却也简单实用。

不论哪种方法，也只是抑制了洋葱的刺激性，并不能完全避免流泪。对洋葱的爱，有时你只能哭泣。就像歌词唱的那样“如果你愿意一层一层一层地剥开我的心，你会鼻酸，你会流泪，只要你能听到我看到我的全心全意”。洋葱虽然能刺激得人流泪，但烧熟后却有丝丝清甜。洋葱的甜味是洋葱本身内部的糖分所致，我们之所以在它生的时候感觉不到它的甜味，是因为洋葱所含的强烈刺激性气体掩盖了它的甜味，烹调破坏了洋葱释放的这种气味，因而烧熟后甜味便显现出来了。经受住了时间考验的爱情何尝不是如此！

据清朝吴震方《岭南杂记》记载，洋葱约在18世纪由欧洲人传入澳门，在广东一带栽种。根据洋葱鳞茎皮色分为红皮、黄皮和白皮品种。

红皮洋葱：约占我国洋葱种植总面积的55%，绝大部分内销，少量出口到东南亚和南亚国家。

黄皮洋葱：约占我国洋葱种植总面积的28%，其中60%出口到日本、韩国，以及越南和马来西亚等东南亚国家，40%在国内销售。

白皮洋葱：约占我国洋葱种植总面积的17%，大多在新疆、甘肃和云南种植，部分干物质含量较高的白皮洋葱通过深加工后，制成洋葱干或洋葱粉供应国内或出口海外。

洋葱种植基地

洋葱收获场景

洋葱是多面手型的蔬菜，它可以单独当作主菜，清炒、炖煮、油炸、腌制均可，也可以用作配料，给食物增加特殊风味。因此，很多国家都视其为餐桌上不可或缺的蔬菜，如印度、日本和美国，洋葱年人均消费量分别为13.5千克、10.2千克和9.6千克，而伊朗、乌克兰和土耳其的洋葱年人均消费量更是超过了20千克，特别是塔吉克斯坦，洋葱年人均消费量35千克以上。我国洋葱的年人均消费量较低，仅3千克左右，这可能与我们蔬菜物种丰富及消费习惯有关，发展潜力巨大！

## 冬春暖阳拾“马蹄”

在广东、广西等地，说“荸荠”可能有些人不知道是什么，但要说到“马蹄”大家基本都是知道的。马蹄是中国特色蔬菜之一，也是广州泮塘五秀（莲藕、马蹄、菱角、茭笋、慈姑）之一，颇受人们欢迎。马蹄生长在水田或浅沼池中，地上的深绿色茎丛生，直立，远远望去，像一根根绿色的小圆柱，在一片翠绿的掩盖下，马蹄在水田下蓬勃生长，其肉质洁白，味甜多汁，清脆可口，有“江南人参”“地下雪梨”之美誉，既可作水果生吃，又可作蔬菜食用，是大众喜爱的时令之品。当作为水果生吃时，要注意挖掉芽眼，彻底去皮，避免感染水田里的寄生虫。

马蹄种植场景

水生蔬菜——马蹄

荸荠按球茎所含淀粉量，可分为两种类型。一种为平脐类型：球茎顶芽尖，脐平，富含淀粉，肉质粗，耐储存，适于提取淀粉用，如水马蹄等。另一种为凹脐类型：球茎顶芽钝，脐凹，含水分多，淀粉较少，果肉清甜爽脆，适合作为蔬菜或水果食用，如桂林马蹄等，但若用于加工则出粉率较低。

旱地挖马蹄

水中摸马蹄

广东一般在立秋前后种下马蹄，在冬季或初春即可收获。收获时整个水田被一片茅草状植物覆盖，这是已经枯萎的马蹄叶状茎浮在水面，也标志着马蹄已经成熟可以采收了。马蹄采收主要还是依靠人工，采收时，有许多正在水田里忙碌的身影，他们好像在浑水摸鱼一般捡拾马蹄。还有旱地马蹄，在收获的时候排干水，先利用挖马蹄的专用工具掘开大片的田块，让“躲”在泥土下的马蹄暴露出来，然后再从翻开的土块里捡拾一粒粒马蹄。新收获的马蹄无须清洗干净，表面带一点泥更能保持水分。

马蹄有着特殊的细胞结构——它们的细胞被低聚糖或者类似的物质绑在一起，很难被糊化，所以蒸煮之后依然可以保持脆甜的状态。加在肉丸里，甚至是包在饺子和馄饨里，和软糯的肉糜相得益彰，让口感也别具风格。由于马蹄淀粉含量高，尤其是平脐类型马蹄，所以也可以直接提炼出马蹄粉，用来制作马蹄糕、钵仔糕、千层糕等。其中马蹄糕是广东早茶传统甜点小吃，好吃的马蹄糕必须满足：晶莹通透，入口弹牙爽甜，香软糯腻，且带有马蹄清香。用筷子夹起时，整块糕会在筷子头颤个不停，是不是很诱人呢？

品味
香蔬

芳香蔬菜是指叶、茎、花、果实、种子及根等某部分或全株，具有特殊芳香气味、可以作为蔬菜食用的植物，它不仅可以去除异味、除腥、去油腻，而且具有一定的药用价值。

发展芳香蔬菜产业具有天然的优势：第一，芳香蔬菜的挥发性成分可以有效减少病虫害发生，易于规模化种植；第二，芳香蔬菜在烹饪中用量小，少量种植就可以满足日常需求，适合家庭盆栽；第三，芳香蔬菜株形美观、颜色清新，能够释放沁人心脾的芳香气味，观赏价值高，广泛应用于观光农业，有利于推动景观中生态美、视觉美、嗅觉美的统一化发展。

彼采艾兮，一日不见，如三岁兮！
——《诗经·王风·采葛》

今之欲王者，犹七年之病，求三年之艾也。
——《孟子·离娄上》

我有青青好艾，收蓄已经三载，疗病不无功。从此更多采，莫遣药囊空。
——《水调歌头·端午》

## 浓浓“艾”意

如果说每个城市都要评选一种代表性蔬菜的话，那客家之都——梅州的代表性蔬菜非艾草莫属。梅州人，甚至说是客家人，对艾草的喜好可谓是深入骨髓，清明艾粄、艾根煲、艾叶酿春（蛋）、艾叶煎蛋、上汤艾叶、艾叶肉圆……无不令食客垂涎，甚至客家妇女在坐月子时，艾叶煲鸡是必备的滋补食物。艾草如客家人般，不管迁徙到何处，都能随遇而安、落地生根，顽强地发芽、生长。

艾在中国的传统文化中地位之高，大约无其他草能超过它，端午节有悬艾辟邪的习俗，有些地方将其制成艾条用于治病，或是将其当作印泥的原料，也有些地方将其作为蔬菜食用……当然，就民间而言，实际上所用的“艾”是包括了艾（*Artemisia argyi*）、五月艾（*Artemisia indica*）、野艾蒿（*Artemisia lavandulaefolia*）、南艾蒿（*Artemisia verlotorum*）等一系列蒿属植物。

据《中国植物志》记载，艾、五月艾和野艾蒿既可当蔬菜食用又可以入药，而南艾蒿主要作药用。这几种“艾”在外观上看起来都差不多，我们分不清也没关系，反正民间都是混着用的。当我们搓揉艾的叶子时，闻起来有浓烈香气，具有特殊的馨香味，令人心情愉悦。当然，不喜欢吃艾的人会觉得有一种难以形容的气味。《离骚》中“户服艾以盈要兮，谓幽兰其不可佩”，正表明了屈原对艾草气味的厌恶。而另一种蒿属蔬菜——白苞蒿，有着蒿属植物特有的香味，但又和“艾”有明显的区别，常见于潮汕菜式，是潮汕当地人最爱吃的特色野菜。

白苞蒿

## 留兰香与薄荷

广州的饮食文化闻名全国，所谓“食在广州”，不在于粤菜地位之高，而在于其集聚海陆之珍，兼容五洲之食，更重要的是，粤菜对优质食材的极致追求。我们从广州人做菜时，选择薄荷属蔬菜食材的态度可见一斑。

右面两张图你能认出是什么植物吗？第一张是留兰香，也被称为“绿薄荷”，广州人更喜欢称之为“香花菜”；第二张是薄荷，也被称为“土薄荷”。两者均是唇形科薄荷属植物，嫩茎叶均可作蔬菜或茶饮食用，食法多样，煎蛋、煮汤、作调料……留兰香和薄荷味道相似，用途相似，功效相似，但把两者放在一起，广州人只会选择留兰香，为什么呢？

我们经常会用“色香味俱全”来形容一道美食。首先，从颜色来看，留兰香的叶片颜色为碧绿色，青翠欲滴，十分养眼；而薄荷的叶片颜色为浅黄绿色，相对黯淡，吸睛力不足。其次，从味道上分，薄荷的香气更重一些，感觉比较强烈，有刺鼻感；留兰香也是薄荷味，但是更有清香和一丁点甜的感觉，味道较温和，更容易被食客接受。最后，在口感方面，薄荷茎叶均密生微茸毛，食用起来有刺口感；而留兰香茎叶无茸毛，口感嫩滑。所以从“色香味”来比较，留兰香略胜一筹，“挑剔”的广州食客也只会选择留兰香作蔬菜用。

薄荷属为唇形科多年生草本植物，全世界约有30个种，140个变种。我国现今共有12种，留兰香和薄荷是其中的两种。由于多型性和种间杂交及丰富的遗传变异，薄荷属植物的形态种的确定比较困难。中国是世界公认的薄荷主产国，薄荷产品以香气纯正、异味少、质量好而享誉世界，被誉为“亚洲之香”。

留兰香

土薄荷

如今在阳台上种菜已经成了时尚，而在各种“菜”里，薄荷家族绝对是个好选择。像留兰香、薄荷、胡椒薄荷、凤梨薄荷、巧克力薄荷、日本薄荷、罗马薄荷等，品种繁多，气味略有不同，看个人喜好来选择。至于爱猫人士推崇的紫花猫薄荷，并不属于薄荷，而是荆芥属植物。薄荷家族的再生能力惊人，被掐了尖之后绝对不会一蹶不振，反而更加茂盛起来。其实，这是植物的顶端优势原理所致。侧芽一直受到顶芽“欺压”，顶芽分泌的生长素向下运输，导致侧芽生长素浓度过高，抑制了侧芽的生长。一旦顶芽被掐掉，对侧芽的抑制解除，侧芽自然就会活跃起来，带给我们一整个夏季的清凉。

紫花猫薄荷

被誉为“香草之王”的罗勒

## 香草之王——罗勒

罗勒为唇形科植物，它貌不惊人，只是一丛丛低矮草本，卵圆形的叶片也无甚特色，即便到了花期，也只会开一串串紫色、白色或粉色的小碎花。然而，它的茎叶花穗都富含石竹烯、丁香酚、茴香醚等挥发性有机物，由此而产生的浓烈香气极其讨喜。这股香气的主调是一股甜甜的八角茴香味，又混着花香、木香和青草香，因此罗勒享有“香草之王”的美誉。

印度是罗勒的起源中心之一，罗勒伴随佛教东传来到了中国，并落地生根，“罗勒”一词，便是其印度梵语的音译。西汉时韦弘《赋·叙》始有罗勒记载：“罗勒者，生昆仑之丘，出西蛮之俗。”但或许当时中国已经有了比较丰富的香料体系，罗勒也只是众多烹饪香料中的一员，并不是很突出，一些地方，甚至只是将其当作驱虫止痒的香草来使用。

在中国北方部分地区，罗勒被称为“兰香”，这个名字的由来还有点历史渊源。贾思勰在《齐民要术》种兰香篇载有：“三月中，候枣叶始生，乃种兰香。”并注有：“兰香者，罗勒也。中国为石勒讳，故改，今人因以名焉。且兰香之目，美于罗勒之名，故即而用之。”由此可知，罗勒改称兰香应在东晋十六国后赵政权时期。在称罗勒为“兰香”的地区，主要食用罗勒的籽，即兰香子，其大小如芝麻，泡水饮用，会迅速吸水膨胀，不但有香味，还有奇异的滑溜口感，人体摄入后可促进肠道蠕动，有助于消化。罗勒开花后，花序层层叠叠，像极了宝塔，于是罗勒在台湾就有了“九层塔”的美名。这里的“九”只是泛指数量多，并不是实际准确数量。此外，在诸如潮汕南澳地区也有人称罗勒为“金不换”，这或许和当地靠海，很多海鲜如薄壳、海虾、海鱼等均与罗勒搭配同煮有关，借此表达对这种香料的喜爱之情。

兰香子饮料

塔状的罗勒花序

罗勒属植物在全世界有100～150种，主要分布于热带和温热带地区，我国含栽培的品种在内有5种。在我的认识中，罗勒都是草本植物，但我在西双版纳见到灌木的丁香罗勒时，颠覆了我的看法，原来罗勒还可以长这样！在欧美，罗勒是一种常用的香辛调味蔬菜，花序用于提取精油，叶子常被运用在通心面等意大利料理、地中海料理、沙拉等方面。罗勒亦可渍于橄榄油，也可以与奶油搅拌，增添奶油的风味。花穗末梢与叶片可用来做香草浴。罗勒还可增添香水、肥皂、利口酒等的香气。

罗勒是喜温、短日照蔬菜，在秋冬季节开花而失去采摘食用价值。2010年，广州亚运会时我们承担了蔬菜供应任务，罗勒是其中一个品类。但问题来了，亚运会是在11月中旬举办，正常情况下这个时候罗勒已经不适合采摘了。后来，我们采取在大棚种植，通过加温和人工加光等措施，让罗勒延迟开花，确保了在亚运会期间按期按量供应。这与通过加光处理，让本来在秋季开花的菊花推迟到春节期间开放有异曲同工之妙。

灌木状的丁香罗勒

## 秋生紫苏炒田螺

在《舌尖上的中国Ⅱ·时节》中，衢州开化县的紫苏炒青蛳令人垂涎欲滴。一把紫苏，去腥提鲜，与青蛳是最好的配搭。由于夏季是青蛳的生产和食用旺季，这时的紫苏也长势正旺，所以“一把紫苏”用的是紫苏嫩叶，不仅可以去腥提鲜，还可食用，但香气略显不足。

然而到了广东，有一句俗话——秋生紫苏炒田螺。紫苏作为典型的短日照植物，在秋季短日照时大量开花，这

开花的紫苏

时叶片萎缩变小，并且枝叶也老化，不宜直接食用，剩下浓浓的香气。但细想下，秋生紫苏主要是作配菜用，我们用的正是它浓浓的香气以去腥味。而且和青蛳主要在夏季食用不一样，入秋后的田螺是最好吃的，在民间有“三月田螺满肚子，入秋田螺最肥美”的说法。田螺是寒性之物，炒田螺配以秋生紫苏不仅可以解田螺的寒性，还可以使味道更鲜和惹味，实在是绝配！包括现在蒸大闸蟹时垫紫苏叶，不光是为了点缀，更是为了解蟹之寒毒，冲淡蟹之腥腻。

说到紫苏，我国是起源地之一，在中国至少有2 000年的种植历史，是古代重要的经济作物。《尔雅》将紫苏与鸿荟、泽蓼编在一起，说明先秦时期人们注重紫苏的特殊气味，将其作为一种调味蔬菜食用，也可药食两用。我国紫苏按叶片颜色分为两类，叶片两面均为绿色的为白苏，古称“荏”，现在也习惯称之为“青紫苏”；两面为紫色或面青背紫的为紫苏，古称“苏”“桂荏”。成语“光阴荏苒”中，“荏”恰恰指的就是白苏，“苒”则是形容草木茂盛的样子。“荏苒”是形容时光会像紫苏一样取之不绝、繁茂生长，还是比喻日月更替、一岁一枯荣？这就见仁见智了。

汉朝辞赋家枚乘的《七发》中，吴客向楚太子描述饮食之美，讲到了“鲜鲤之鲙，秋黄之苏”，意思就是用秋季的紫苏叶搭配生切鲤鱼片食用，这与秋生紫苏炒田螺有异曲同工之妙。这种方法于平安时代传到日本并形成了当地的鱼生刺身文化。自此，紫苏在日料中的地位一直不被动摇，也是因为其具有杀菌消毒、去腥提鲜的功效。这让我想起改革开放后不久，日料刚引进广州时，我们供应给日料店的青紫苏不是按斤来结算的，而是按片来结算的，每片的价格在2元以上，经济价值相当可观。李时珍在《本草纲目》中曾记载：“紫苏嫩时有叶，和蔬茹之，或盐及梅卤作菹食甚香，夏月作熟汤饮之。”紫苏叶在韩国被做成泡菜和酱菜，也许正是借鉴于此。

紫苏

青紫苏

木本蔬菜——香椿

## 雨前椿芽嫩如丝

什么菜最能承载春天的味道？有人说是荠菜，有人说是春韭，有人说是春笋，还有人说是马兰头，根本就没有一个统一的答案。究竟什么菜最具春天味，在我眼里只有香椿。食用过香椿的朋友应该深有体会，新鲜的香椿芽有一股特殊的香味和鲜味，品尝过后，唇齿留香，久久不能忘怀。这里所说的香椿，是指香椿树的嫩芽。

春初芽发，早采者贵，晚则质老味淡，尤以谷雨节前为佳。

——《太和县志》

香椿在岭南并不常见，即使有也由于气温太高而品质不佳，但却无法阻挡我们对它的喜爱。每到清明节前后，总喜欢到菜市场买上两把从北方新鲜运过来的香椿。虽然价格不菲，但其实我们也就只有在很短的一段时间内可以尽情地享受香椿的春味，因为古语有云：“雨前椿芽嫩如丝，雨后椿芽生木质。”香椿的最佳食用季节就是春季谷雨前。谷雨节前的香椿脆嫩、香美，错过了就又要苦苦等一年了。当然，现在还开发了一种新的吃法——吃香椿苗，就是用香椿的种子播种发芽，生成只有两片子叶的幼苗，采收之后做菜，也有浓郁的芳香味，但总感觉少了点春天的味道。

香椿苗

新鲜采摘的香椿嫩芽

香椿在中国已有2 000多年的栽培历史。先秦古籍《山海经》中便有“成侯之山，其上多櫄木”的记载，这里的櫄木即为香椿。北宋苏颂在其所著的《本草图经》中写道“椿木实而叶香，可啖”，这是有记录中最早食用香椿芽的记载。不过，食用香椿也要适当、适量。唐朝孟诜所撰的中医典籍《食疗本草》就指出“椿芽多食动风，熏十二经脉、五脏六腑，令人神昏血气微”。从现代视角来看，香椿本身含有一定量的硝酸盐和亚硝酸盐，因此，食用香椿还是在谷雨前其鲜嫩的时候为最佳，并且下厨时应当在沸水中焯上一分钟，减少其中的亚硝酸盐成分。香椿的香气来自萜烯类和含硫有机物等挥发性物质，鲜味来自谷氨酸，它们不溶于水或微溶于水，所以焯水后几乎不影响风味。

在中国古代历史中，香椿树常常被视为长寿的象征。这一文化典故正是源于庄子《逍遥游》中“上古有大椿者，以八千岁为春，八千岁为秋，此大年也”，意为上古时代的大椿树以人间8 000年当作自己的一季，可见寿命之长久。于是，后人便常常用带“椿”字的词语来形容福寿绵延，如以“千椿”形容千岁，以“椿寿”为长辈祝寿。古人也喜欢直接用“椿”来比喻父亲或其他长辈，将已过耄耋之年的父亲称为“椿庭”。可见，香椿不仅作为食物登上餐桌，而且还被视为长寿和幸福的象征。

## 欧芹是主角还是配角

我们在餐馆就餐的时候，经常会发现有几片深绿色、有皱褶的叶子点缀在菜品中，无形中提升了菜品的档次。这种叶子叫欧芹，我们都习惯了它的装饰功能，却没有想到它在欧美其实是一种常见的蔬菜。我们在大学时常常吟唱的著名民歌《斯卡布罗集市》唱道：

> *Are you going to Scarborough Fair? Parsley, sage, rosemary and thyme. Remember me to one who lives there. She once was a true love of mine.*

歌词中欧芹、鼠尾草、迷迭香和百里香是欧美常见的芳香蔬菜，可见欧芹在欧美蔬菜中的主流地位。

欧芹又被称为荷兰芹、法国香芹、洋芫荽，为伞形花科欧芹属二年生草本植物，原产地中海地区，欧洲栽培历史悠久，目前世界各地均有栽培。欧芹喜冷凉气候，较耐寒，但不耐热。欧芹可分为光叶和皱叶两种类型，光叶类型的叶片扁平，类似芫荽叶；皱叶类型的叶片缺刻细裂、卷皱、略呈鸡冠状，外观美丽，为主栽类型。20 世纪初欧芹传入中国，先后在北京、上海等大城市郊区试种，但种植面积一直不大。20 世纪 80 年代，伴随中国改革开放，欧芹栽培面积有所增加，现在国内沿海大城市郊区均有栽培。

欧洲大面积温室种植的欧芹

盆栽欧芹

菜肴中用于点缀的欧芹

欧芹食用部位主要是鲜嫩的叶及叶柄，一般作沙拉生食。如果我们只把欧芹用于装饰菜品，那实在是暴殄天物。因为它不仅芳香浓郁，而且富含维生素A、维生素C及钙、磷、铁、钾等。咀嚼其叶片可以消除口腔异味，是天然的除臭剂。欧芹的味道清新而柔和，有着香草的清香，可以掩盖一些食材中的异味，因此，在制作肉类菜肴及高汤中被广泛使用。

## 夜雨剪春韭

唐肃宗乾元元年，也就是公元758年，杜甫因上疏救房琯，唐肃宗一怒之下将其贬为华州司功参军。当年冬季杜甫曾告假回东都洛阳探亲。杜甫自洛阳经潼关回华州，经过奉先县时，拜访了少年时期的朋友卫八处士，写下了千古名诗《赠卫八处士》，抒写了人生离多聚少和世事沧桑的感叹，也表达了故友相见格外亲的真挚情感。朋友冒着夜雨剪下春韭，做成美味的菜肴来招待杜甫。从“夜雨剪

春韭”可以看出，春季的韭菜是多么的美味和珍贵！

韭菜是耐寒性多年生宿根蔬菜，冬季可以利用埋藏在土壤中的根茎抵御严寒，储存大量养分，加上春季雨水充足，韭菜在春雨的滋润下更加鲜嫩清香。所以也形成了“春韭秋菘”“春食韭菜则香，夏食韭菜则臭”的说法，这是人民生活经验的总结。夏季的高温、蒸发量大会让韭菜纤维增加，容易老化，有些发柴，口感比起春季的韭菜自然没有那么鲜嫩。“一畦春雨足，翠发剪还生”，春日里有了春韭相伴，餐桌也新鲜生动起来。

韭黄栽培方式

四之日其蚤，献羔祭韭。
——《诗经》

韭菜的栽培历史悠远，在先秦两汉时期的记载多涉及祭祀，足见其在蔬菜中极高的地位。《黄帝内经·素问》也把韭菜列为“五菜”之一，地位仅次于葵。韭菜栽培技术在北魏时期已经相当成熟，达到了很高的水平。贾思勰的《齐民要术·种韭》对韭菜选种、治畦与肥水管理、播种方法、收割管理及粪肥选择等进行了全面详细的记载。韭菜通过培土、遮光覆盖等措施，在不见光的环境下经软化栽培后形成韭黄。这种技术创新首见于元朝《王祯农书》：“至冬，移（韭）根藏于地屋荫中，培以马粪，暖而即长，高可尺许，不见风日，其叶黄嫩，谓之韭黄。”除了叶韭之外，还有专以收获韭菜花薹供食的花韭，其花薹高而粗，品质脆嫩，形似蒜薹，风味尤佳。在甘肃、台湾、山东等地栽培较多。

韭菜又被称为“起阳草”，民间多认为其有壮阳功效，主要就是认为其中的锌元素在起作用。然而，令大家失望的是，韭菜的含锌量只有0.43毫克/100克左右，还不及菜心的含锌量0.87毫克/100克。蔬菜万不可抱着当药物或者保健品的心态来食用，只要你觉得新鲜安全、口感好，那吃就对了！

韭菜虽好吃，但吃完过后口腔里会残留着令人尴尬的味道，让部分人望而却步。其实，韭菜的特殊气味来源于其中的一些含硫化合物，如二甲基二硫醚、丙烯基二硫醚等，且不易消散。有些人会尝试嚼口香糖来缓解口气，但还是不能彻底去除韭菜味。最有效的办法是刷牙，如果没有这个条件，那嚼点茶叶、喝点牛奶也是有效的。

## 与薤邂逅

每年春季，我总会特别怀念家乡的客家酿粄，那种软糯咸香的味道，让我至今仍然认为其是最美味的小吃之一。古时被迫南迁的人们怀念包子的味道，但是因为没有面粉，所以只好用米粉代替面粉，由此造就了“酿粄”这个客家特色食品。酿粄的精髓在于有藠头作馅料，既能让酿粄增香，又有解油腻之功能，而春季是藠头味道最佳的季节。那么问题来了，藠头究竟是什么蔬菜，能让我念念不忘？

薤上露，何易晞。
露晞明朝更复落，
人死一去何时归。
——西汉·乐府挽歌《薤露》

其实，藠头古已有之。《黄帝内经·素问》中写道“五菜为充”，意思是吃这些蔬菜，能为人体补充营养、充实脏气。薤是其中一种，薤就是现在所说的藠头，也被称为荞头。《礼记·内则》有“脂用葱，膏用薤”的记载，表明当时已用薤作为调味品。《齐民要术》记述了薤的栽培方法：“薤宜白软良地，三转乃佳。二月、三月种。八月、九月种亦得。秋种者，春末生。率七八支为一本”。

古人用薤上朝露表示对逝者深深的哀悼。薤叶狭长光滑有蜡粉，难以留住露水。薤露即使可以留住些许，也容易被阳光蒸发而消失殆尽。露水滑过薤叶，象征着生命的消逝，写出了人生短暂，写出了伤悲之情。

客家美食——酿粄

狭长光滑的薤叶

新鲜的藠头

藠头一般分为两类。一类为鳞茎较小的，以炒食为主的“香藠”，鳞茎白净透明、脆嫩无渣、香气浓郁，如“丝荞”品种，春季是与它邂逅的最佳季节，吃完后令人唇齿留香，久久回味；另一类为大鳞茎，以腌渍为主的“藠头”，假如用于鲜食的话，口感略差，如“头荞”品种，鳞茎可醋渍、盐渍、蜜渍加工成腌渍蔬菜，制成罐头远销国外，是我国重要的出口创汇蔬菜之一。

清洗刚收获的藠头

藠头在长江流域及其以南各省区广泛栽培，其适应性较强，在偏冷凉气候条件下发育较为良好，冬季及夏季30℃以上时休眠。然而，藠头的生长期长，为210 ～ 270天，每亩产量也只有1 000千克左右，加上现在越来越少人认识藠头这种古老而稀有的蔬菜了，所以在一些大中城市近郊已很少栽培用于鲜食的藠头了，只有在一些偏远山区才有零星栽培。

## 笑傲江湖一点红

少年时代我沉迷于金庸、古龙的武侠小说无法自拔。然而在众多武侠小说中，“楚留香系列”中的中原一点红给我留下了深刻的印象，他虽算不上武艺高强，但为人坦荡，重情重义，是不可或缺的角色。其实，在蔬菜江湖中也有这样的角色，也叫“一点红”，为菊科一年生或多年生草本植物，在《岭南采药录》中被称为“羊蹄草”，在《植物名实图考》中被称为紫背草，其记载：“紫背草，生南赣山坡。形全似蒲公英而紫茎，近根叶又微稀，背俱紫，梢端秋深开紫花，似秃女头花不全放，老亦飞絮。”因叶面绿色，叶背淡紫红色，有些地方又称为“叶下红”“红背叶”。

一点红平常或长在田间，或长在路边，或长在公园边，未开花时在杂草丛中你几乎看不见它的身影，因为太普通，也因为植株矮小。但如果在它开花的时候，它一定是全场的焦点，在绿色的杂草之中，红红的花朵虽小却精致，用万绿丛中一点红来形容恰到好处。

一点红的花与蒲公英很相像，只是蒲公英的较大，一点红的较小，微风一吹，它们的种子就随风而飞，飞到哪儿，哪儿就是它们的家。一点红虽然没有像蒲公英一样人人皆知，但低调的它却有不凡的价值。作为野草，它繁殖能力很强，花漂亮，深受小孩喜爱，是野草中的“高手”；作为中草药，它功效强大，是中草药中的“高手”，是常用中草药，具有清热解毒、散瘀消肿、抗菌消炎等功效，是中成药花红片、花红胶囊的主要原料之一；而作为蔬菜，它营养价值也高，颇得人们喜爱，是野菜中的“高手”，以食嫩梢、嫩叶为主。最常见的做法是上汤一点红，尝过之后，你会赞不绝口，菊科蔬菜特有的淡淡香气在齿间激荡，深受人们青睐。一点红还可炒食、做汤或作为火锅料，质地爽脆，味道清香。

一点红喜温暖气候，当冬季来临时会慢慢枯萎，但它已经为我们留下了丰硕的种子，散落在泥土里，待来年春暖花开时，又悄然破土而出。一点红，总是静静地待在角落里，不争也不抢，却能以自己特立独行的气质、独特的风味笑傲于蔬菜江湖。

一点红的花形似蒲公英

## 柠檬草的味道

刚参加工作不久时，我见到几丛杂草突兀地长在蔬菜资源圃里。当时我还纳闷，怎么工人那么懈怠？这几丛杂草长那么高了也不清理掉。后来我才知道闹了个大笑话，原来这丛杂草是柠檬草。我摘了几片叶子，轻轻地搓了搓，浓郁的柠檬香气立刻扑鼻而来，我瞬间就喜欢上了它的味道。

被误认为杂草的“柠檬草”

我们更喜欢把柠檬草称为“香茅”，它是禾本科香茅属多年生草本植物，原产热带及亚热带地区，在我国主要分布于云南、广西、海南、广东、福建和台湾。

阳光下散发着香味的柠檬草

香茅叶可直接作为天然香辛料用于食品的配香，切成细段用于鸡肉、鱼肉、牛肉料理，能起到去腥、调味及除油腻味等作用，用于贝类、虾类等海鲜中能起到提鲜和增香作用。当年去面朝大海的垦丁时，几乎家家户户的院子里都会种上一两盆香茅，随时可以用于烹煮海鲜。香茅被广泛应用于泰国、马来西亚、印度、越南等地的传统美食料理。尤其是在泰国，泰国人对它的钟情犹如四川人对麻辣的痴迷，泰国菜中大多加香茅，香茅能让食物的味道提升一个档次，因此它堪称泰国菜的灵魂所在。香茅茎叶经加工还可得到各种调味料产品，如香茅粉、香茅酱、香茅火锅料等，用于菜肴的配香、去腥等。烘干的香茅还可用于茶饮，色泽美丽，带有柠檬清香但无酸味，给人非凡的享受。

从香茅中提取的精油含有柠檬醛、香茅醛、香叶醇、香茅醇、月桂烯、$\beta$-蒎烯等多种抑菌、抗氧化活性成分，具有独特的香气，广泛应用于肥皂、洗涤剂、化妆品、香水、杀蚊剂和蜡烛等日用化学产品中。另外，因其显著的抑菌效果，香茅精油在果蔬保鲜及食品防腐方面亦具有广阔的发展前景。

香茅鸡

## 出自书香门第的芸香?

请君架上添芸草，莫遣中间有蠹鱼。

——宋·梅尧臣《和刁太博新墅十题·西斋》

人们常把具有优良读书家风的家庭誉为“书香门第”，那这里的书香究竟是什么香呢？原来，“书香”二字和一种植物有关。在一些资料中说“书香”是来自芸香科芸香属的芸香，具有浓烈的特殊气味，在书中扉页放置芸香用于辟蠹，久而久之书本便有清香之气，日久不散。打开书后，香气袭人，正是名副其实的“书香”。因此，书籍又被称为“芸编”，藏书的地方被称作“芸台”，校书郎被称为“芸香吏”，书斋别称“芸窗”或“芸馆”，书签则称“芸签”等。芸香辟蠹，成为古人简便易行的藏书方法。

芸香作为一种原产地中海沿岸地区的香料植物，在欧洲应用得比较广泛，而传入中国则是非常晚的事了。此外，芸香的气味是带有苦味和刺激性香气的，我不知大家能不能想象那种味道，有一次我在车尾厢放了几盆芸香，那种难以忍受的味道，让我不得不在炎热的夏日，一路打开车窗开回家。难怪芸香也被老广们称为“臭草”。试想一下，暂且不说芸香传入我国的时间不长，其令人厌恶的气味难道古人乐于接受吗？似乎，此“芸香”非彼“芸香”。

芸香

比较可信的说法来自《中国植物志》:“我国古时用草木樨夹在书中辟蠹，称芸香。”我国是草木樨起源地之一，草木樨分布广泛，因含有香豆素而具有芳香气味。原来又是植物学上常常碰到的同名异物现象

草木樨

误导了我们。沈括在《梦溪笔谈》中对草木樨有详细描述："古人藏书辟蠹用芸。芸，香草也，今人谓之七里香者是也。叶类豌豆，作小丛生，其叶极芬香，秋后叶间微白如粉污，辟蠹殊验。南人采置席下，能去蚤虱。"叶极芬香、叶间微白如粉污这些特性，正好草木樨和芸香都有，也难怪让我们云里雾里。

让我们再回到芸香本身，它很少被用于烹饪，因为实在是不好吃。在广东，芸香却发挥了它独特的食用价值。其他地方煲绿豆糖水，可能只是把绿豆煮烂后加糖而成，而广东的绿豆糖水（绿豆沙）非常讲究，把绿豆煮烂后继续煮，并不断把绿豆壳捞起，这样绿豆糖水才更加沙绵。更重要的是，在煮的时候加入少许芸香，既让绿豆糖水更加香滑，又有清热消暑的功效。但芸香也是一种兴奋刺激剂，主要刺激子宫及神经系统，故孕妇忌用。

需要特别说明的是，芸香的汁液含有补骨脂素，能被皮肤吸收，并且被紫外线激活后能够跟皮肤细胞中的脱氧核糖核酸（DNA）反应，引起皮肤发炎长水泡。这种症状我们称之为植物日光性皮炎。因此，我们应避免在阳光下接触到芸香的汁液！

芸香的花

新奇
特菜

特菜是指名、特、优、稀、新的蔬菜种类或品种，它是一个动态发展的概念，随时间、地点的变化而变化，其产业发展有别于大宗蔬菜，突出特点有五“特”，即特别的品种、特殊的种植方式、特别的营养价值、特有的食用方法、特别的观赏价值等。科学健康地发展特菜产业，对于调整蔬菜种植结构、提升人们蔬菜饮食品质、提高观光休闲农业质量、促进农业经济发展、增加农民收入和出口创汇等方面都能起到较大的作用，并且符合高效农业发展方向。

## 是秋葵还是曼陀罗?

近几年，误认为曼陀罗是秋葵而导致中毒的事件时有发生。一开始我觉得有点不可思议，但回过头来想想，缺乏自然常识或蔬菜常识的人还真不好辨别曼陀罗花和秋葵果实。曼陀罗为茄科植物，全株有毒，主要有毒成分为莨菪碱和阿托品，误食会令人呼吸异常、神志不清等，如果食用过量，严重时还可导致死亡。

曼陀罗花萼筒形似秋葵果实

黄秋葵

红秋葵

那为什么曼陀罗会被人误认为是秋葵呢？主要原因是曼陀罗绿色的花萼筒与秋葵果实类似。如果我们对认知曼陀罗和秋葵没有把握的话，可以从以下两点来区分曼陀罗花萼和秋葵果实。首先，看叶片。秋葵的叶片有深裂，像手掌一样，叶片表面均被硬毛；曼陀罗的叶片则为广卵形。其次，看花和果实。秋葵的花一般是淡黄色（黄秋葵）或淡红色（红秋葵），而曼陀罗常见的花朵颜色是白色或淡紫色，当然也有深黄色的花朵，但比较少见。秋葵果实是较硬的，而被误认为是秋葵的曼陀罗花萼是软的，可以通过手捏来分辨。

黄秋葵属锦葵科秋葵属蔬菜，学名为“咖啡黄葵”，但现在更习惯称之为“黄秋葵”，根据果荚颜色分为绿色果和红色果。绿果秋葵想必大家都很熟悉了，但相对“落寞”的红果秋葵却很少出现在餐桌上。红果秋葵颜色绚丽夺目，不禁令人垂涎欲滴，为何却很难得到人们的推崇呢？原来，红果秋葵在尚未煮食时，玫红色的娇艳让人有种怦然心动的感觉。但当它离开了田园，投入开水锅后，身上天然的花青素在高温条件下溶解于水，导致其立刻变得暗黄失色，让人大倒胃口。如果你想保持这种好看的颜色，又能接受果实表面小茸毛的刺口感，那建议你可以直接生吃。

手指秋葵

冰镇秋葵

黄秋葵在种植中抗性强，耐高温，耐旱耐涝，对土壤适应性较广，不择地力，生长期间病虫害较少，深受种植户喜欢。再加上被商家冠以“植物伟哥”的称号，更是受到人们的热捧。遗憾的是，目前还没有任何科学依据可以证实黄秋葵的壮阳功效，更多是人们喜欢追求“以形补形”的臆想罢了。

秋葵区别于其他蔬菜的特质是含有丰富的黏液，这种黏液主要是多糖物质，多糖也被称为膳食纤维，它既不能被胃肠道消化吸收，也不会产生能量，但会让人产生饱腹感，刺激肠道蠕动，有一定的减肥作用。但如果你想把黄秋葵当成减肥药，那还是算了吧。

## 蔬菜界的榴梿——鱼腥草

有一种蔬菜，它的地位就如同榴梿在水果中的地位一样，喜欢的人对它爱不释手，觉得有种难以描述的香味；讨厌的人对它避之不及，觉得有一股难闻的味道，可谓是爱恨两重天。正如某位作家第一次吃鱼腥草时的描述：“一股似乎在臭水沟沉寂多日的死鱼味道，直捣我的口腔深处，又腥又臭又酸，我的舌头受到了猛烈的攻击，战栗着表达抗议，一股恶心的感觉从喉部汹涌而出，呃，对不起，我吐了。”

凉拌鱼腥草

鱼腥草根茎

鱼腥草嫩叶

虽然未免有些夸张，但对于从未接触过鱼腥草的人来说，和鱼腥草的初次相遇，入口后浓烈的腥臭味确实是一种折磨。而对云南、贵州、四川等地区的人们来说，鱼腥草则是令人牵肠挂肚的家乡味道。有意思的是，西南三省对鱼腥草还分部位来偏爱，云南、贵州喜欢吃凉拌的鱼腥草根茎，而四川则钟爱吃鱼腥草的嫩叶。对于我来说，每次到云南、贵州、四川出差都必须要吃鱼腥草，但鱼腥草的叶子确实有点难以接受，暂且不说有种涩味，单是香味就比根茎差远了。

北宋药学家苏颂对鱼腥草有明确解释：“生湿地，山谷阴处亦能蔓生，叶如荞麦而肥，茎紫赤色，江左人好生食，关中谓之菹菜，叶有腥气，故俗称鱼腥草。”虽然“鱼腥草”很贴切地形容出了它的味道，但西南地区更习惯把它称为“折耳根”，而“蕺菜”才是它的学名。宋朝王十朋《蕺山》记述了越王勾践在蕺山靠吃蕺菜度过饥荒之年的故事：“十九年间胆厌尝，盘羞野菜当含香。春风又长新芽甲，好撷青青荐越王”。

鱼腥草独特的腥味，来源于被命名为“鱼腥草素”的癸酰乙醛挥发性化学物质，该物质具有抗菌消炎作用，对卡他球菌、流感杆菌、肺炎球菌、金黄色葡萄球菌等有明显抑制作用。也正是因为如此，鱼腥草还得了个“植物天然抗生素”的美誉。但是癸酰乙醛性质不稳定，提取时易水解，放置时易聚合，故作药用时很多都是其人工合成物，其合成物被称为“合成鱼腥草素”，不仅性质稳定，而且保留了癸酰乙醛的抗菌活性。

虽然鱼腥草含有的有效成分有抗菌消炎作用，但鱼腥草鲜草含挥发油约 0.05%，癸酰乙醛的含量占挥发油总量的14.53%，其有效成分含量是很低的，而且在烹饪过程中癸酰乙醛会被分解，所以把鱼腥草当药来食用并不可取，它只是我们餐桌上的一种小众蔬菜。

## 蒌蒿满地芦芽短

竹外桃花三两枝，春江水暖鸭先知。
蒌蒿满地芦芽短，正是河豚欲上时。
——宋·苏轼《惠崇春江晚景》

苏轼的《惠崇春江晚景》以其细致、敏锐的感受，将早春时节的春江景色描写得活灵活现，抒发了作者对早春的喜爱之情。然而，我更关心“蒌蒿满地芦芽短”中提到的两种极具特色的蔬菜：蒌蒿和芦芽。

蒌蒿，为菊科蒿属多年生宿根草本植物，别名藜蒿、芦蒿、水艾等，通常以地上嫩茎和地下根状茎供食用，具有特殊的芳香味。每年初春，蒌蒿嫩芽拱出泥土，一片片、一簇簇蓬勃地在水泽边、河谷两岸、湖畔边生长。

蒌蒿的食用始见于东汉许慎《说文解字》“蒌，草也。可以烹鱼”。“蒌”就是蒌蒿。可见，“烹鱼”是当时蒌蒿的主要用途，也说明蒌蒿和鱼是绝配。《尔雅》也记载：“购，蔏蒌。”东晋郭璞注曰：“蔏蒌，蒌蒿也。生下田，初出可啖，江东用羹鱼。”三国时陆玑在《毛诗草木鸟兽虫鱼疏》里说：“其叶似艾，白色，长数寸，高丈余，好生水边及泽中。正月根芽生，旁茎正白，生食之，香而脆美，其叶又可蒸为茹。”蒌蒿茎叶碧绿青翠，而且其本身会散发出菊科特有的浓郁香气，嚼之外脆里嫩，风味独特，是深受人们喜欢的野菜佳品。

蒌蒿

《惠崇春江晚景》里还提到另外一种特色蔬菜——芦芽，也被称为荻芽、荻笋或芦笋，指的是荻的嫩茎。荻和芦苇长得很相似，也常相伴而生。《秦风·蒹葭》是《诗经》中的名篇，开头两句就是“蒹葭苍苍，白露为霜”，其中的“蒹”指的是荻，属禾本科荻属；而“葭”则是芦苇，属禾本科芦苇属。“强脆而心实者为荻，柔纤而中虚者为苇”，这是吴其濬《植物名实图考》中的精辟辨析。荻和芦苇容易混淆，把荻芽唤作芦芽也就情有可原了。

芦芽

我国自古以来就有采食荻芽的习惯，并作为宴请宾客的佳肴。除了苏轼外，欧阳修在《六一诗话》中说：“河豚常出于春暮，群游水上，食柳絮而肥，南人多与荻芽为羹，云最美。”唐代诗人张籍在《凉州词》中有云：“边城暮雨雁飞低，芦笋初生渐欲齐。”晚唐郑谷也在《送张逸人》提道：“芦笋鲈鱼抛不得，五陵珍重五湖春。”可见，芦笋（荻芽）作为蔬菜食用早已有之。不过在我们现代日常生活中，芦笋却是指另外一种蔬菜，为天门冬科天门冬属植物石刁柏的可食用嫩茎，清朝末年才传入我国，是一种高档而名贵的蔬菜。

石刁柏

洞庭湖边遍地生长的南荻

自从东汉的蔡伦发明造纸术以来，纸逐渐成为人类文明不可缺少的造物。而荻，就是早期重要的造纸原料。尽管在造纸用的草本植物中，荻算是优秀的种类之一，但是比起桉树、杨树等木本造纸原料，缺点仍然很明显，就是杂质太多和污染严重。所以，现在基本上已经没有把荻作为造纸原料的了。

曾经繁茂生长的荻被抛弃造纸用途后，洞庭湖边的沅江市转变了发展思路。沅江市拥有独特的地理、水质、土壤、气候等自然环境条件，造就了其芦芽与众不同的品质，口感清香脆嫩、润滑柔软、鲜美爽口。1990年，植物学家鉴定长江中下游的洞庭湖的荻为我国特有的新种，命名为南荻，和荻同属禾本科荻属。沅江市依托丰富的南荻资源，一方面在春季采摘它新萌发的嫩芽，作为一种时令蔬菜鲜食，但毕竟消费量有限；另一方面大力发展芦芽加工产业。芦芽经过腌制冲洗、剥壳分级、蒸煮杀菌、口味调制、真空包装等10多道工序，被制成一包包酱腌菜远销国内外，让芦芽的鲜味传遍四方。

## 新鲜的黄花菜能吃吗？

干制的黄花菜想必大家都吃过吧？味道虽然也不错，但如果你尝过新鲜的黄花菜之后，你可能会更加喜欢。花瓣肥厚、爽脆清甜、花香味浓郁是鲜黄花菜的最大特点。因此，每到鲜黄花菜上市的时候，我都期待着菜市场能出现它的身影，但由于黄花菜是少有的以花为食用器官的蔬菜，而花朵是植物呼吸作用强的器官之一，生长代谢旺盛，储存难度极大，新鲜的黄花菜在市场上难觅踪迹。新鲜黄花菜虽美味，然而，因食用新鲜黄花菜而中毒的事件却时有发生，让人难免吃得心惊肉跳。

目前研究普遍认为，新鲜黄花菜含有一种生物碱——秋水仙素，被食入后，秋水仙素会被氧化为二秋水仙碱，侵害中枢神经和心脑血管系统。如果一次食用100克以上的鲜黄花菜（含有0.1 ～ 0.2毫克的秋水仙素）就能引发中毒症状。轻微中毒症状就是恶心、呕吐、腹泻及腹痛等，更严重的会有肌肉疼痛无力、手指脚趾麻木等，甚至会危及生命。西晋《博物志》云：“萱草，食之令人好欢乐，忘忧思，故曰忘忧草。”西晋《博物志》对秋水仙素中毒症状的描述，误被古人称为“忘忧草”。

那难道我们要舍弃美味的新鲜黄花菜了吗？那倒不用。要去除黄花菜中的秋水仙素并不难。这种物质很容易溶解在水里，所以可以先将新鲜黄花菜在开水中烫漂一下，然后用清水充分浸泡、冲洗，使秋水仙素最大限度地溶解在水中，此时再烹调可保证安全。同时每次不要多吃，不要超过50克的食用量。如果你还是掌握不好新鲜黄花菜处理窍门的话，那建议你还是食用干的黄花菜，因为黄花菜在进行干制时，经蒸汽、热水烫漂杀青加工后，秋水仙素已经被破坏掉了。

但是，也有研究对156个不同黄花菜品种进行检测，结果表明黄花菜中不存在秋水仙素，传统认为鲜食黄花菜会导致中毒是秋水仙素引起的结论值得商榷。然而，食用新鲜黄花菜导致中毒的事件却真实存在，并且还在不断发生，新鲜黄花菜中导致中毒的物质需进一步研究明确，但应是溶于水的。所以，无论怎样，新鲜黄花菜先通过开水烫漂是保证食用安全的关键步骤。

黄花菜也被称为“萱草”，但古人对于萱草的概念更宽泛，凡是萱草属植物都可称为萱草。萱草属原始种约 14

种，产于我国的有 11 种，食用萱草一般就是指黄花菜，由于其花瓣中含有罗勒烯、芳樟醇、α-金合欢烯等物质，具有特殊的柠檬香味儿，所以又称之为“柠檬萱草”，食用的部位就是它即将开放的花苞。至于花坛中的萱草，是其他萱草属植物，一般作观赏用途，不作食用。

花坛中作观赏用途的萱草属植物

萱草生堂阶，游子行天涯。
慈亲倚堂门，不见萱草花。
——唐·孟郊《游子》

在西方的康乃馨传入中国前，萱草一直是中国的“母亲之花”。古称母亲居室为萱堂，母亲的生日为萱辰，母亲的别称为萱亲，孟郊的《游子》寥寥数笔，就将一个等待游子归来的母亲形象刻画得入木三分。唐朝牟融的《送徐浩》：“知君此去情偏切，堂上椿萱雪满头。”椿代表父亲，萱代表母亲，古人常用成语“椿萱并茂”来形容父母亲身体健康。电影《你好，李焕英》里的主题曲《萱草花》，表达了儿女对母亲深深的爱意，温暖又治愈。黄花菜，不只是食用那么简单，更是中国古代传统文化的象征！

萱草属植物

冰菜

## 会“结冰”的蔬菜

番杏

最近在一家鲜蔬餐厅品尝了一款特别的蔬菜，整棵植株水灵灵的，充满水分的肉质茎叶上附有一层天然的分泌物，晶莹剔透，看上去有点像“薄冰”，但经久不“化”，吃起来口感爽脆略带淡淡的咸味，细嚼起来有颗粒感，仿佛冰晶在舌尖上爆破。这种蔬菜其实就被称为“冰菜”，学名为“冰叶日中花”，属于番杏科日中花属植物，难怪外表看起来和番杏有点相似，原来它们是近亲。冰菜表面的冰晶并非人为霜冻造成，而是人家自带的，含有大量液体的泡状细胞，内含天然盐分和有机酸。

冰叶日中花的孪生姐妹——心叶日中花

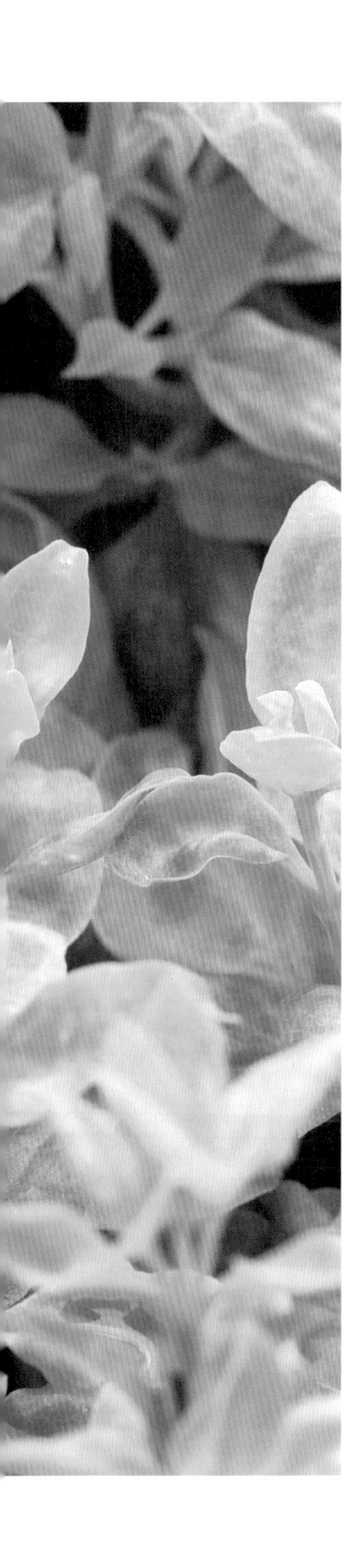

那么，这盐分是怎么来的？这得从它们适应环境的机制说起。冰叶日中花原产非洲南部靠近海岸的沙漠地带，这里干旱少雨，土壤盐碱化。冰叶日中花为了克服干旱和盐胁迫，把自己进化成了兼性景天酸代谢植物（$C_3$/CAM植物）。它的光合作用既有一般植物所具有的$C_3$循环，又兼顾沙漠干旱地区多肉植物所特有的CAM循环，并能在两种循环方式中自由转换。

当冰叶日中花处于适宜环境下生长时，会进行一般植物的$C_3$光合作用；当受到严重的干旱和盐胁迫时，冰叶日中花的光合作用类型会从普通的$C_3$型切换成CAM型。在气温较低的夜晚，它们会打开气孔摄取二氧化碳；在炎热的白天则会关闭气孔，从而最大限度抑制蒸腾作用，减少体内水分流失，同时把根部吸收的多余盐分释放到茎部及叶片表面的盐囊细胞，以免过多的盐分入侵到植物体内而影响其正常生长。因此，冰叶日中花是一种典型的具有极强耐盐性的植物，能在与海水同等含盐量的盐碱土地中生长，是研究植物耐盐特性的代表性植物之一。

由于冰叶日中花不耐高温，当温度高于30℃时生长速度慢，容易出现萎蔫、枯萎，茎叶上的冰晶颗粒数量会大大减少，品质会大幅下降。那在炎热的夏季，你可以尝试种植另外一种与冰叶日中花类似的蔬菜——心叶日中花，也是番杏科日中花属植物，味道清爽可口，带有淡淡的咸味，有较强的耐盐性。和冰叶日中花相比，心叶日中花最大的不同就是其茎叶表面不会形成冰晶，但相对更耐高温、更容易种植是它的优势所在。

## 有“鸡肉味”的木槿花

木槿是夏、秋季的重要观花灌木，栽培历史悠久，我国第一部诗歌总集《诗经》中就有提到木槿。《国风·郑风·有女同车》：“有女同车，颜如舜华。将翱将翔，佩玉琼琚。彼美孟姜，洵美且都。有女同行，颜如舜英。将翱将翔，佩玉将将。彼美孟姜，德音不忘。”诗中赞美姑娘容貌像木槿花一样美丽，其中“舜”即为木槿，“舜华”“舜英”就是指木槿花。

木槿花期比较晚，一般入夏后才迟迟开放，因此，《礼记·月令》云：“仲夏之月，木槿荣。”即把木槿开花视作仲夏的物候之一。木槿花朵在早上开放，花朵繁多，但在漫长的演化历史中，形成一朵花只开一两天就凋谢的特性。这是因为只要有风媒和虫媒替它完成授粉，它的花瓣就迅速枯萎，好为种子提供足够的营养。一朵花的花期虽然短，但是整树花的花期长达半年之久，盛花的时候，有不输于春季桃李的绚烂。

漫栽木槿成篱落，已得清阴又得花。

——南宋·杨万里《田家乐》

木槿花色丰富、花期长，适应性强，管理难度低，耐修剪、易造型，是庭院绿篱不可多得的良好植物。但更让人想不到的是，木槿花还是一道深受欢迎的美食，可采集花蕾或花食用。木槿花蕾，食之口感清脆；完全绽放的木槿花，食之滑爽。木槿花可制作的美食有很多，如木槿花银耳羹、木槿花排骨汤、木槿花煎蛋、酥炸木槿花、木槿花粥等。宋朝范成大《桂海虞衡志》中曾记载了木槿花的一种独特吃法："裹梅花，即木槿。有红、白二种，叶似蜀葵，采红者连叶包裹，黄梅盐渍，暴干以荐酒，故名。"唐朝刘商《送王贞》诗云："槿花亦可浮杯上，莫待东篱黄菊开。"说明木槿花还可以用来泡茶饮用。木槿花在有些地方还被誉为"鸡肉花"，据传是能吃出鸡肉味道来。不过我品尝多次也没吃出鸡肉味道来，倒是木槿花煮在汤中、粥中时，嫩滑如鸡肉。

木槿花，烂漫如锦，是世上最美的食材之一。

适合作为绿篱的木槿

木槿花粥

## 马齿苋与马屎苋

每年春夏之际，菜园、田埂、路边总会出现一丛丛有着紫红色茎干、椭圆形叶片，开着小黄花，捏上去肉乎乎的马齿苋，它从不用我们刻意去打理，却能顽强地在酷暑干旱时节生长在任何角落。马齿苋因其叶形似马齿，性滑似苋而得名，隶属于马齿苋科马齿苋属，是不折不扣的多肉草本植物。马齿苋在全国各地有不同的别称：瓜子菜、五行菜、五方草、长寿菜、麻绳菜、马齿菜等。看似平平无奇的马齿苋，在抗旱和高产方面却表现惊人。原来，研究人员发现，马齿苋整合了$C_4$和CAM两种不同的代谢途径，创造出一种新型的光合作用，从而使其具有顽强的生命力，能够在保持高产的同时忍受干旱。

小时候在春夏交接蔬菜淡季时，我们常采摘鲜嫩的马齿苋作蔬菜食用，因其含有苹果酸、柠檬酸及微量游离的草酸，所以吃起来会带有些许酸涩味，但这酸味正是马齿苋的独特风味。如不喜食其酸味，可先用沸水烫漂然后再烹调食用，可减少草酸和硝酸盐含量，食用安全系数也更高。还可用另外一种马齿苋科马齿苋属植物代替马齿苋食用，这就是环翅马齿苋，外观和马齿苋极其相像，但食用起来不仅没有酸涩味，而且更爽口。更重要的是，环翅马齿苋的观赏性极佳，常用于园林造景中，是不可多得的集美味与美貌于一身的优质食材！

其实，不仅现代人喜欢食用马齿苋，古人也早已有食用习惯。南北朝陶弘景把马齿苋收入《名医别录》中，介绍了多种食用方法，如煮粥、煲汤、小炒等；唐朝孟诜的《食疗本草》记载用马齿苋煮粥，既美味又有食疗作用。

夹缝中顽强生长的马齿苋

环翅马齿苋

在珠江三角洲地区，还流行食用一种叫“马屎苋”的野菜，名称很容易和马齿苋混淆。马屎苋实为刺苋，也被称为竻苋菜、勒苋菜，为苋科苋属植物。刺苋嫩时是没有刺的，此时采摘嫩茎叶做成上汤菜式，口感甚至比一般的苋菜还爽滑。而生长中后期，叶子较为稀疏，叶腋长出尖刺，且部分苞片变形成刺，这个时候只能取其主茎和根部，用来煲老火汤。刺苋根或全草可入药，有清热利湿、解毒消肿、凉血止血的功效。

其实刺苋的功效不仅能对人类疾病起作用，也能治疗猪白痢病。一般认为猪白痢病是由大肠杆菌引起的，同时对抗生素类的药物产生耐药性。科研人员将刺苋通过水酵法提取，制作成刺苋制剂，治疗效果优于诺氟沙星。诺氟沙星具有抗菌消炎的作用，曾作为治疗白痢的有效药物，然而长期使用则会导致其疗效逐渐降低。

遗憾的是，尽管刺苋有很多优点，但是由于其具有繁殖能力强、传播方式多样、适应性强等特点，已被列入中国第二批外来入侵物种名单。所以，为了保障生物安全，控制刺苋的传播扩散是我们的首要任务！

刺苋叶腋下的刺

## 回味无穷的山苏

我第一次认识山苏，是十多年前在方智远院士主编的《中国蔬菜作物图鉴》里。后来，我随团赴台湾考察学习现代农业，第一次品尝到了心心念念的山苏，那种脆爽至今令人回味无穷。说了那么多，山苏到底是什么蔬菜呢？

山苏，又被称为台湾山苏花，学名叫作“鸟巢蕨”，当它的叶子完全长出来之后，向四周放射展开，中间有一个窝，就像鸟巢一样，很是特别。鸟巢蕨是热带植物，在我国南方常年气温较高的地方有分布。以前，人们并不知道鸟巢蕨可以食用，主要是把它当作园林景观植物、室内盆栽植物种植。随着鸟巢蕨的食用功能被台湾民众开发后，越来越多的食客认识并且喜欢上了它。

鸟巢蕨可食用部位是其刚长出来的嫩叶，商品名为“山苏”，产量极其有限。摘下来的山苏就像碧绿的海带，叶片宽厚，口感脆嫩，吃起来相当清爽。而且山苏有一个优点，那就是当它炒熟或烫熟之后也不会变色或褪色，颜色依然是绿得沁人心脾，看上去就让人食欲大开。山苏营养成分较齐全，其成分构成合理、丰富，含有人体必需的各种氨基酸，矿物质、维生素等含量普遍高于西芹、蕹菜等蔬菜，食用价值、开发价值高。

鸟巢蕨属多年生阴生草本植物，喜温暖、通风、潮湿的环境，适宜栽培温度为20～27℃，遮阴度一般为70%～80%，湿度在75%以上，以微酸性、排水好的腐殖土为最佳，基本上是以设施栽培为主。虽然种植投入较大，但由于山苏品质优良，价格优势明显，现在在广东、福建、江西一带也开始大力种植山苏，有望在不久的将来走上千家万户的餐桌，丰富我们的蔬菜品种结构。

鸟巢蕨盆栽

## 金陵名蔬菊花脑

据历史学家罗尔纲的《太平天国史稿》记载，1864 年早春3月，清军围困太平天国首都天京（今江苏南京），因城里食粮殆尽，天王洪秀全下诏书：“全城俱食甜露，可以养生。”所谓“甜露”就是生长在地里的野菜、野草。居民在寻找野菜充饥时，发现菊花脑嫩茎叶清香可口，后来便加以引种驯化，把它逐渐变成了栽培蔬菜，成为南京的特色蔬菜品种。菊花脑拉丁学名为 *Chrysanthemum indicum* ‘nankingense’，其种加词“nankingense”即明确地表达了其驯化地“南京”的内涵。

菊花脑别称路边黄、菊花叶、黄菊仔等，原产中国，因其叶形酷似菊花叶片而得名，为菊科菊属多年生宿根草本植物。菊花脑的嫩茎叶具有特殊的清香味，类似于茼蒿的味道且更浓重一些，慢慢咀嚼有微微的清凉感。这种清凉感受来自它含有的挥发油，包括樟脑、龙脑和乙酸龙脑酯等成分。菊花脑可炒食、用上汤煮或作馅料。

菊花脑的根系发达，适应性很强，既耐寒又耐热，冬季即使地面部分枯死，地下部分宿根也能安全越冬，来年再次萌发、生长。菊花脑有一个其他植物鲜有的习性：它的生长状态取决于它的采摘次数。采摘次数越多，分枝越多，生长越旺盛。这是因为打破了顶端优势、促进了侧枝生长。春夏时节初生的菊花脑嫩茎叶具有较佳口感，入夏之后随着温度的升高而木质化严重，口感略显粗糙，滋味也变得有些苦涩。不过，在高温季节露地能生产出绿叶蔬菜已属不易。

秋季开满黄花的菊花脑

菊花脑是一种典型的短日照植物，强光、长时间日照有利于茎叶生长，短日照则有利于花芽的形成与开花。因此，华南地区到了秋季后，菊花脑会露出一个个小花苞，

继而整株开满小黄花，平添了几分淡雅。菊花脑开花时不仅别有一番风景，而且新鲜或晒干的花朵还可用于茶饮，达到了物尽其用的效果！

# 参考文献

阿蒙，2014．时蔬小话［M］．北京：商务印书馆．

蔡威，邵玉芬，2010．现代营养学［M］．上海：复旦大学出版社．

曹玲，2003．美洲粮食作物的传入、传播及其影响研究［D］．南京：南京农业大学．

丁晓蕾，2008．20世纪中国蔬菜科技发展研究［D］．南京：南京农业大学．

方智远，张武男，2011．中国蔬菜作物图鉴［M］．南京：江苏科学技术出版社．

胡弦，钟茗，2009．菜蔬小语［M］．重庆：重庆大学出版社．

黄绍宁，2017．蔬菜文化杂谈［M］．北京：中国农业科学技术出版社．

李时珍，2002．本草纲目（上、下）［M］．刘衡如，刘山永，校注．北京：华夏出版社．

李艳，2006．《说文解字》所收蔬菜及粮食作物词疏解［D］．杭州：浙江大学．

刘民健，2003．中国古代蔬菜诗词选注［M］．杨凌：西北农林科技大学出版社．

刘自珠，张华，2016．广州蔬菜品种志［M］．广州：广东科技出版社．

缪启愉，缪桂龙，2006．齐民要术译注［M］．上海：上海古籍出版社．

聂凤乔，2007．蔬食斋随笔［M］．桂林：广西师范大学出版社．

牛廷顺，2019．中国古代文学蔬菜题材与意象研究［D］．南京：南京师范大学．

贾思勰，2015．齐民要术［M］．石声汉，译注．石定枎，谭光万，补注．北京：中华书局．

史军，2013．植物学家的锅略大于银河系［M］．北京：清华大学出版社．

史军，2022．蔬菜史话［M］．北京：中信出版社．

谭耀文，陈胜文，曹健松，2019．家有润田——都市菜园栽培实用指导手册［M］．广州：广东科技出版社．

谭耀文，2015．耕馀话蔬［M］．广州：广东科技出版社．

王化，郭培华，2016．中国蔬菜传统文化科技集锦［M］．北京：科学出版社．

王锦秀，2005．《植物名实图考》中一些百合科植物考证兼论茄子在中国的栽培起源和传播——植物考据学个例研究［D］．北京：中国科学院植物研究所．

伊丽莎白·A. 丹西，桑尼·拉森，2021．致命植物［M］．魏来，译．重庆：重庆大学出版社．

园艺编辑组，2005．香草植物栽培指南［M］．台南：文国书局．

张平真，2006．中国蔬菜名称考释［M］．北京：北京燕山出版社．

赵利杰，2016．《诗经》中的蔬菜研究［D］．郑州：郑州大学．

中国科学院中国植物志编辑委员会，1993．中国植物志［M］．北京：科学出版社．

中国农业科学院蔬菜花卉研究所，2010．中国蔬菜栽培学［M］．北京：中国农业出版社．

蔬言菜語